未读 | 行动家

ゴミ拾いをすると、人生に魔法がかかるかも♪

捡垃圾与人生『回收』指南

如何通过行动重新认识生活

〔日〕吉川充秀 —著

郭佳琪 —译

天津出版传媒集团
天津人民出版社

目　录

序言 001

第一章
开始捡垃圾的理由 013

- 做一个没有压力的企业家！ 015
- 健身与捡垃圾 017
- 如果一个人连自己脚下的纸屑都无法拾起，
  那他还能做什么呢？ 020
- 如何养成捡垃圾的习惯？ 021
- 所有步行时间都在捡垃圾 022
- 公司出现了"交流式捡垃圾" 024
- 因为捡垃圾成了小小名人？ 025
- 我的捡垃圾日记，全面公开♪ 027
- 带着垃圾夹在全国各地捡垃圾 031
- 在全国各地捡垃圾的意外发现 035
- 捡垃圾是为了什么？ 039
- 我的预期年收入和实际年收入 039
- 连续 11 个财年刷新历史最高利润纪录 041

- 48岁半退休⋯⋯⋯⋯⋯⋯⋯⋯⋯⋯⋯⋯⋯⋯⋯⋯⋯ 043
- 来公司的客人最惊叹的事情是？⋯⋯⋯⋯⋯ 044
- 捡垃圾是"凡事彻底"的代表⋯⋯⋯⋯⋯⋯⋯ 046
- 捡垃圾会改变"形"和"心"♪⋯⋯⋯⋯⋯⋯ 047
- 为什么捡垃圾能改变人生？⋯⋯⋯⋯⋯⋯⋯ 048

第二章
捡垃圾也许能给人生带来魔法♪⋯⋯⋯⋯⋯053

捡垃圾让你不再在意他人的目光♪⋯⋯⋯⋯⋯ 054
- 家人劝我"太丢人了，别捡了"⋯⋯⋯⋯⋯ 055
- 捡垃圾不为别人，是为自己⋯⋯⋯⋯⋯⋯⋯ 056
- 捡垃圾让我找回自我⋯⋯⋯⋯⋯⋯⋯⋯⋯⋯ 058
- 保持自我的最强口头禅⋯⋯⋯⋯⋯⋯⋯⋯⋯ 060

捡垃圾让你兼容并包♪⋯⋯⋯⋯⋯⋯⋯⋯⋯⋯ 063
- 捡垃圾使心灵更干净⋯⋯⋯⋯⋯⋯⋯⋯⋯⋯ 064
- 脏东西也能看上去不脏⋯⋯⋯⋯⋯⋯⋯⋯⋯ 065
- 掉在地上的食物是从天而降的礼物⋯⋯⋯⋯ 066

捡垃圾让你不再评判♪⋯⋯⋯⋯⋯⋯⋯⋯⋯⋯ 069
- 如何看待地上的垃圾？⋯⋯⋯⋯⋯⋯⋯⋯⋯ 070
- 不评判，心绪会更平静⋯⋯⋯⋯⋯⋯⋯⋯⋯ 071
- 不评判，问题就不是问题⋯⋯⋯⋯⋯⋯⋯⋯ 072

捡垃圾让你减少焦虑♪ ········· 076
- 陪妻子长时间购物也不会焦躁 ········· 077
- 参加家庭活动也不会焦躁 ········· 079
- 去无所适从的主题乐园也不会焦躁 ········· 080
- 捡垃圾让内心更丰盈,不再强调自我♪ ········· 082
- 减少焦虑会接连出现奇迹 ········· 085

捡垃圾让心态更积极♪ ········· 087
- 需要的东西会在恰当的时间来到你身边 ········· 088
- 积极看待问题的"幸福脑" ········· 089
- "脚臭社长"和"大便社长" ········· 090
- 分离事件与解释,就能创造出属于自己的事实 ········· 092
- 人类最伟大的能力是什么? ········· 094
- "自制"和"自我肯定" ········· 095
- 有高远的目标很棒,
  满足于捡起脚下的垃圾也很棒 ········· 097
- 将努力和享受合二为一的
  魔法咒语——伦巴式努力 ········· 098

捡垃圾让你学会享受过程♪ ········· 102
- "散步式捡垃圾"是最好的健康习惯 ········· 103
- 我的爱车是一辆二手妈妈电动助力车♪ ········· 105
- 什么是"微骑行式捡垃圾"? ········· 107
- 不提倡"捡垃圾之道"的理由 ········· 108
- 越"高尚"的人越容易痛苦 ········· 110

- 捡垃圾培养"忽视"的能力 ……………………… 111
- 从"了不起的人"到"素适的人" ………… 112
- 没有尽头的"了不起" …………………………… 113
- 如何进入"素适"的世界 ………………………… 114
- 享受过程的表达自我的世界 …………………… 115

捡垃圾会自然而然地出现音符♪ …………… 118
- 我的文章里为什么有那么多音符? …………… 119
- 使用音符的另一个原因 ………………………… 120
- 通过哼歌创造情绪 ……………………………… 123
- 捡垃圾会自然而然地哼歌 ……………………… 124
- 为什么捡垃圾时戴耳机是浪费时间? ………… 125
- 创造快乐的三种方法 …………………………… 126

捡垃圾会让你关注身边的幸福♪ …………… 128
- 幸福就在身边♪ ………………………………… 129
- 迄今为止捡过多少钱? ………………………… 131
- 捡垃圾让人从心底关注身边的幸福♪ ………… 132
- 理想的生活方式——赏花 ……………………… 134
- 淡然、微笑、超俗、沉静 ……………………… 135

捡垃圾会被无条件地认为是个"好人"♪ …… 137
- 在世界各地捡垃圾 ……………………………… 138
- 被邀请参加秘密之旅! ………………………… 138
- 在纽约捡垃圾后…… …………………………… 140
- 在韩国机场做实验 ……………………………… 141

- ■ "好事发生"的运行机制 ·················· 142
- ■ 回咖啡店取垃圾夹的故事 ················ 144
- ■ 真正的精神主义生活方式不需要自我牺牲和忍耐 145
- ■ 与其寻找能量场,不如让自己成为能量场♪ 146
- ■ 为什么捡垃圾就会被认为是"好人"♪ ······ 147
- ■ 捡垃圾让我赢得员工的信任 ·············· 148
- ■ 代驾司机成了我的事迹宣传员 ············ 149
- ■ 捡垃圾会减轻人的固有成见 ·············· 151
- ■ 捡垃圾建立的信誉为工作带来收益! ······ 152
- ■ 坚持捡垃圾,你的存在也将影响他人♪ ···· 154

捡垃圾会增强自我肯定♪ ·················· 156

- ■ 最爱的口头禅——可爱 ·················· 157
- ■ 由形容词组成的解释 ···················· 159
- ■ 多用"可爱",世界就会变得可爱♪ ······ 160
- ■ 对自己也要用"可爱" ·················· 161
- ■ 把第一人称变成对自己的爱称 ············ 162
- ■ 我爱我自己♪ ·························· 163
- ■ "我爱我自己♪"的原点是捡垃圾 ········ 164
- ■ 捡垃圾总能让我想起"我爱我自己♪" ···· 165
- ■ 构成自信的三个要素 ···················· 166
- ■ 如果将练瑜伽、扫厕所和捡垃圾进行比较…… 167
- ■ 捡垃圾是最棒的习惯♪ ·················· 168

捡垃圾会助你实现梦想♪ ·················· 171

- 捡垃圾帮你考入理想的学校? ……………… 172
- 通过捡垃圾可以塑造人设 ………………… 173
- 高中棒球运动员为什么要捡垃圾? ………… 175
- 如果我是一个政治家 ……………………… 176
- 从个人利益出发 …………………………… 178
- 捡垃圾的过程也是充实内心的过程 ………… 180
- 始终将自己的情绪放在第一位 ……………… 181
- 头衔带来自我约束,自我约束带来痛苦 …… 182
- 活在自己的世界里,尊重他人的世界 ……… 183
- 为什么捡垃圾会使世界变美好? …………… 185

捡垃圾会让人珍视一切♪ …………………… 187

- 捡垃圾让人觉得一切都变得可爱? ………… 188
- 自给自足的纸巾和草稿纸 ………………… 189
- 收藏癖让你追求"越多越好"…………… 190
- 对捡到的东西怦然心动 …………………… 191
- 大多数消耗品都可以通过捡垃圾获得? …… 193
- 开始理解"物哀" ………………………… 194
- 爱惜物品是为了让自己快乐 ……………… 195
- 美丽的误解令人快乐 ……………………… 196
- 为什么捡到的东西会让人幸福 …………… 197
- 爱惜物品不等于节俭 ……………………… 198
- 爱惜物品就是享受日常 …………………… 200
- 对物品的信念会改变对人生的满意程度 …… 202

- 对物散发的能量和对人散发的能量本质相同 ⋯⋯ 203
- 什么是真正的爱？⋯⋯ 205

第三章
一起开始捡垃圾吧♪ ⋯⋯ 207

- 新手第一步 ⋯⋯ 209
- 如何解决"邻居的目光"？⋯⋯ 211
- 这里的垃圾最多！⋯⋯ 213
- 在这里捡垃圾也不错！⋯⋯ 214
- 从进阶到高阶 ⋯⋯ 216
- 使用令你心动的垃圾袋 ⋯⋯ 217
- 垃圾分类不是目的♪ ⋯⋯ 219
- 在外如何处理垃圾？⋯⋯ 221
- 旅行时如何处理垃圾？⋯⋯ 223
- 这样找垃圾！⋯⋯ 224
- 常见垃圾 TOP 5 ⋯⋯ 225
- "凶地"才是捡垃圾的绝佳宝地 ⋯⋯ 228
- 注意！捡垃圾注意事项 ⋯⋯ 229

后记 ⋯⋯ 233

序言

◆ 我是中小企业经营者，也是"幸福专家"和"捡垃圾仙人"

感谢你选择阅读这本关于捡垃圾的书，我是坚信"不垃圾拾取，无惬意人生"（No Gomihiroi, No Life）的吉川充秀。希望这本书能带给你如何快乐生活的线索，这也是我创作本书的初衷。

接下来我将向大家展示捡垃圾的魔法，但在此之前，我想先从三个侧面简单介绍一下我自己。

我的第一个身份是株式会社普里马维拉（Primavera）的创始人。目前我已经退居二线，担任董事会名誉会长一职。

公司总部位于日本群马县太田市。我在1998年，也就是25岁时创办了这家公司，用了25年将其经营成了一家年销售额达47亿日元、经常利润超过4亿日元的企业。2022年底，普里马维拉已实现连续13个财年增收增益（销售额和经常利润双双增长)、连续 11 个财年刷新最高利润纪录,吸引了日本各地的多家公司,截至目前已经有 300 多家公司为增收增益来参观学习。

创业 3 年后,28 岁的我年收入超过 5000 万日元,登上了富豪榜。目前,我的"预期年收入"已经达到了 1 亿日元(这意味着只要我愿意,随时都可以领取该数额的董事报酬)。在日本,我想我可以被归类为"成功人士"。

除此之外,我的另一个身份是"幸福专家"。

在我的经营理念中,经营目标是让员工获得幸福。要让员工真正感受到幸福,就必须对幸福进行"彻底的"研究。我在 2005 年意识到了这一点,也就是从那时起,我开始将"系统化经营"和"研究幸福"作为我人生的两大主题。

在研究幸福的过程中,我意识到了习惯的重要性。作为一个习惯养成的狂热爱好者,我从日本乃至世界各地的名人和企业家身上学到了各种各样的好习惯,也亲身体验了数百种涉及健康、经济、充实内心等诸多方面的或大或小的习惯。最终,就像淘金时留在筛子底部的沙金一样,我发现了一个极其珍贵的习惯——捡垃圾。

我的第三个身份,就是"捡垃圾仙人"。

2015年，我开始了捡垃圾。从那时起，只要有空，我每天都会捡垃圾。到目前为止，我清理的垃圾已经超过了100万件。在我的老家太田，我常常会被路人搭话，也曾在太田市市长的推特（Twitter）上露过面，算是一个"无名的名人"（笑）。

作为"系统化经营专家"和"幸福专家"，在过去的18年里，为了追求"真理"，我阅读了大量有关经营和自我启发的书籍，参加了诸多国内外的研讨会，以至于我的企业家朋友都戏称我为"研讨会迷"。18年来，我在这方面花了约2亿日元（笑）。

在这期间，我与员工及其家人同甘共苦，在工作和生活中积累了宝贵的经验。这么多年里，我获得了尤为重要的一点领悟："人生取决于我们对事物的看法、思维方式和习惯。"即一个人的人格（个性特征），取决于他如何看待和解释外部事物。

还有一点重要的领悟：人格也受其日常习惯的影响。

有这样一句名言：习惯造就人格。反过来说，如果改变看法和思维方式，改变习惯，就能改变人生。而这意味着我们能够亲手计划并过上自己想要的生活。

我从31岁开始学习古今中外的各种成功哲学，亲身实践那些被前辈企业家、运动员、哲学家和宗教学者视为人生真理的观点、思维方式和习惯。

◆ 大多数教诲——做个好人（Be good）

我得出的结论是：许多杰出的企业家、宗教学者和哲学家的观点都是相通的。似乎那些探索"道"的人，最终总会得出相同的结论。

企业家为了获取销售额和利润等经济上的成就而日夜努力，然后成为所谓的"成功人士"接受世人的赞誉。因此，对于企业家来说，幸福通常建立在经济成就这一基础之上。运动员也一样，他们幸福的基础是拿金牌或者成为世界冠军。

也就是说，他们追求的幸福，通常指的是"自我实现"。他们努力成为自己理想中的人，追求自己想要的结果，知道为了达到这些目标必须付出努力。

自我实现意味着"成为想成为的自己"。为了实现这一目标，我们需要认识到现实与理想之间的差距，并为缩短这一差距而不断努力。"只要努力就一定会有收获"——人们往往在这样的语境中谈论幸福。

然而，如果一味追求个人的成功，时间久了就会失去他人的支持。因此，我们还需要保持谦逊的态度和良好的品格。就企业家来说，为了获取员工、客户和合作伙伴的信任，企业家必须磨砺个人的品格。

"磨砺个人的品格"是什么意思呢？一言以蔽之，就是"做个好人"。

包括我在内，大多数人的集体意识都是以善恶为标准构建的。父母和老师会从我们小时候就给我们灌输伦理观和道德观。"这是好，这是坏。要做好事，不要做坏事。"善恶标准就这样作为一条集体意识被植入我们的大脑。

做生意需要和大量不固定的顾客和员工打交道，只有所作所为符合集体意识中善的标准，才能被认为是"好人"或"好公司"，建立良好的声誉，才能持续地获得他人的支持和认可。

因此，作为一名商人，一直以来我都将"做个好人"当作一条人生和经营的准则，直到我开始捡垃圾……

◆ 追求做个好人令人痛苦

然而，做个好人是令人痛苦的。例如，人们常说：

> 社长在员工面前要时刻保持微笑。即使很难，也要假装充满活力，不能流露出一丝负面情绪。

一些成功的企业家也常说：

社长应该为了员工拼命工作。自我牺牲精神才是赢得员工信任所必需的品质。

然而，这些其实是很难做到的（苦笑）。社长也是人，但过于认真的我们总是会根据集体意识中的好人标准来严格要求自己，自觉承受困难。

即使到了现在，如果听说有了不起的公司或者了不起的人，我都会放下手头的工作，前往日本各地拜访。不仅限于企业家，只要是厉害到常人难以想象的人，我都会去。我把这作为我的人生使命之一。

如果有人能在我面前瞬间将魔方的6个面全部还原，我会去拜访；如果有人能长年不吃东西还健康地生活，我会去拜访；如果有人每天只需睡45分钟就能保持一天的活力，我也会去拜访。实际上，我还曾付费参加过短睡者的人体实验项目。当时我还认真地考虑过，如果能将原本需要8个小时的睡眠时间缩短为3个小时，那么每天就能多出5个小时来工作了（笑）。

在我见过的所有人里，有一位业绩出色、品格高尚的中小企业家，他被誉为"日本屈指可数的贤人"，是像现代佛陀或耶稣般的人物，出色的经营理念使他拥有众多知名企业家粉丝。我也曾见过他很多次，对他的高尚品格印象深刻。在与员工和企业家交流时，他总能提出崇高的理念并以身作则，是名副其实的"贤人"。

然而，一次偶然的机会，我从一个企业家朋友那里听说了一些内情。

"吉川你知道吗？那位社长其实拿出了自己相当多的一部分收入雇用专职司机。而之所以给司机那么多钱，据说是因为他的工作就是听那位社长在车里骂人。平时需要保持形象嘛，所以才在自己的车里发脾气和释放情绪。"

我听后十分惊讶，但同时也觉得这位社长非常真实和可爱，是一个"素适"（之后我会解释这个词的意思）的人，让人感觉很温暖（笑）。

这个世上有很多被神化的"了不起的人"，但其实他们也是有情感的人类（笑）。他们也有自我，也会有负面情绪，在某些情况下也会违反自己制定的规则。当然，我也经常违反规则（苦笑）。如果一直忍耐下去，就会像这位社长一样最终爆发。

因此，我们必须在适当的时候平衡和释放内心的能量。

所以我想说的是：我从未见过那种像上帝一样，无论发生什么都不生气、心胸宽广的贤人。（笑）

相反，对自己的要求越是严格，就越会逼迫自己忍耐、抑制情绪。这样一来，品格高尚的人往往更容易变得不快乐。当我和那些年销售额达到100亿日元甚至300亿日元的地方知名企业家聚餐时，几乎总会听到他们说："吉川，真羡慕你啊。我也想像你一样做自己想做的事情，那该有多好啊。""必须成为出色的企业家"这一自我要求似乎让他们备受煎熬。

◆ 幸福的两个向量——自我实现与自我肯定

在追求幸福的真理时，我明白了另一个道理：幸福有两个向量（方向）。

第一个向量是自我实现。简单来说，就是为了成为自己想成为的人、为了取得成果而努力奋斗。这也是上文提到的许多企业家和运动员口中的幸福。

第二个向量是自我肯定，接受并喜欢原本的自己。"我就是我,我很好。"

我写下这本关于捡垃圾的书,并不是要提倡大家通过捡垃圾来实现自我。追求理想并提升自我的确是一件美好的事情,在开始捡垃圾之前,我也一直以此为目标。毕竟在 42 岁之前,我的人生目标就是成为一名传奇企业家,但这也是一种痛苦的生活方式。正如前面提到的,我们往往会严格要求自己,从而束缚自我。

我想表达的是:通过捡垃圾这个行为,做快乐的人。这也是贯穿本书的主题。

成功的企业家和运动员会说:

> 要想获得幸福,就要实现自我。为此,我们要做高尚的人,要努力奋斗,这样生活才了不起。

相反,在金字塔型社会中感受到巨大压力后希望逃离的人则说:

> 我就是我,我本来的样子就很好。我不需要追求任何目标,我本来就已经很了不起了。

简单归纳来说，前者的生活方式是以物质社会中的成功为主导的"物质主义"，后者是以精神世界中的幸福为主导的"精神主义"。

◆ 物质主义和精神主义的陷阱

作为一个在事业上经历过磨炼的企业家，我曾全身心地追求物质层面的成功。而作为一名幸福专家，我也深谙精神层面的重要性。从我的角度来看，我认为两种观念都存在着陷阱。

物质主义的陷阱是过度追求理想的人容易忽视身边的幸福。为了追求自己的目标，他们往往放弃享受生活的权利。

精神主义的陷阱则是人可能会因过度沉迷于精神世界而过度崇拜神佛和精神导师，从而忽视了现实生活。我所说的"精神世界"不存在 UFO、精灵等看不见的超自然现象，而是提倡在日常生活中保持良好的精神状态并享受生活。

对于过度注重物质层面的人来说，捡垃圾这项活动可以为他们提供重新关注身边幸福的契机；而对于过度追求精神层面的人来说，捡垃圾可以使他们回归现实生活，即通过实际行动，用身体的力量创造自己期望的现实。虽然我们有句成语叫"心想事成",但在现实世界中,仅有心愿而不采取行动,是不会给生活带来任何改变的。

◆ 联结物质主义和精神主义的行为——捡垃圾

我是一个可以平衡物质世界和精神世界的全能选手(笑)。

公司里有个管理人员叫松田幸之助,他非常喜欢提升自己。过去他常常模仿我,所以被大家称为"模仿田"(日语里"松"的发音和"模仿"相似)。但自从我迷上捡垃圾之后,他就开始远离我了,说是"捡垃圾就算了吧,我可做不到像吉川那样"。我觉得这是一个非常聪明的决定(笑)。

为了提升自己,他后来又参加了一些名人举办的在线沙龙。不过最近,他似乎突然意识到"原来吉川的方式才是最平衡的",于是又回过头来邀请我吃饭,让我在喝酒的时候教他我平时是怎么思考和看待世界的(笑)。

也许,松田也意识到了自己当初过于追求物质世界,而忽视了精神世界(享受生活)吧。

物质世界和精神世界都很重要，那如何将两者联结起来呢？我认为答案就是捡垃圾。通过这一极其简单的行为，任何人都能找到物质世界与精神世界之间的平衡。

目前市面上的大部分书籍不是偏向追求成功和自我实现，就是偏向心灵治愈，而我希望能从企业家和生活家的双重视角出发，中立地讲述一种快乐的生活方式。因此我写下了这本关于捡垃圾的书，真实呈现了我作为企业家的心情和作为生活家的日常行为〔关于妻子的部分叙述略有夸大之嫌，为了维护当事人的尊严在此特别强调（苦笑）〕。

在这本书里，我以幸福的两个向量为基础，通过分享自己捡垃圾的经历，深入探讨获得幸福的看法、思考方式和习惯。希望通过这些东西（尤其是捡垃圾），能让大家过上更快乐、更幸福的生活。

不垃圾拾取，无惬意人生。（No Gomihiroi, No Comfortable Life）

捡垃圾仙人——吉川充秀

◆ 做一个没有压力的企业家！

我曾在一次企业家研讨会上做了一场关于幸福的演讲。主办方（同时也是我的朋友）对我说："你讲的东西都很有趣，讲什么都可以。"因此，在这场没有人认识我的研讨会上，我舍弃了平常得心应手的系统化经营话题，以捡垃圾为切入点谈论起了幸福。

尽管在企业经营方面取得了一定成绩，但我不过是区区一个小企业老板，在那些经验丰富的大企业家面前大谈幸福观很容易被认为是夸夸其谈、自以为是。这也无可厚非，毕竟我并非专业的幸福专家。的确，刚开始演讲的时候，很多人都摆出了嘲讽的姿态。

如果是著名的心理学家、大学教授或畅销书作者来演讲，大家想必会心甘情愿地认真听，这就是"权威性"吧。而我在幸福方面的权威性微不足道，所以在场观众并不愿意听我说话，认为"听一个这样的人发言根本不值得记笔记"（笑）。

没有权威性就必须靠证据取胜，所以我在开头的自我介绍中展示了我的幸福度指数，数据来源是庆应义塾大学前野隆司教授创建的"幸福度诊断"。

在约 10 万名受访者中，我的幸福度偏差值高达 73，满分 100 分我获得了 92.4 分。当时我还没有退居二线，整日干劲十足。在这项调查中，日本人得分最低的项目是"低压力"，平均分为 53 分，这表明现代人面临的最大问题就是压力。也就是说，现代人的常规生活方式可能会给人带来更多压力。

企业家的工作中几乎全是压力。"为了做一名完美的社长，我要和那些不按自己意愿行动的客户以及竞争对手打交道，要关注那些不按自己意愿行动的员工，同时还要想办法提高业绩。"可以说这是一个只剩压力的工作（笑）。

而我在"低压力"这一项得了 100 分，就是无压力。

当我说到这里时，研讨会现场的氛围瞬间变了。大家心里也许都在想："这人什么来头？"

随后我提到捡垃圾，大家的表情开始变得轻松起来。他们兴致勃勃地听着，偶尔还会拿出笔记本记录。

研讨会结束后，大家在热闹的联谊会上问了我许多本质性的问题，比如"人生是什么""金钱是什么"等（笑）。甚至还有烂醉如泥的企业家亲昵地摸了我的裤子（苦笑）。

话说回来，怎样才能做到无压力呢？

答案就是观念、思考方式和习惯。虽然我在这个满是压力的社会中做着一份同样充满压力的工作，但通过捡垃圾，我开始以一种近乎零压力的方式快乐地生活，这是一种不可思议的生活方式。简而言之，那些非常规的观念、思考方式和习惯才是"无压力"的关键。关于这一点，我将从第二章开始详细介绍。

在序言中提到的松田幸之助，也许就是因为认识到"这个男人不一般（奇奇怪怪）"，才又回到我身边的吧。

◆ 健身与捡垃圾

虽然现在的我过得毫无压力，但其实在捡垃圾之前并非如此。每年在公司内部或公开举办的"心花怒放心灵研修班"中，我总是会以幸福专家的身份慷慨激昂地强调以下观点：

实现自我才能带来幸福……没有牺牲就无法取得伟大的成就……要做个好人……动机要善良，不能有私心。

同时，我自己也努力成为一个好老板、优秀的老板、完美的老板，并逼迫自己付出了相当大的努力。毕竟在开始捡垃圾之前，我对自己的期望是成为一个传奇企业家，也就是所谓商

○ 我的幸福度 ♪

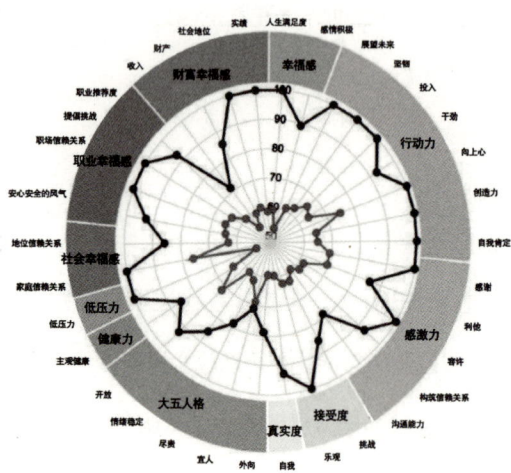

● 吉川充秀的分数 ● 平均分

幸福度详情（吉川充秀）												
最新：● 2021年3月16日（周二）17:55　　比较：● 平均分												
	❤	🍀	👣	👍	🏃	⚗	😊	🍶	🫃	🌱	💼	💰	📝
	综合得分	幸福感	行动力	感激力	接受度	真实度	大五人格	健康力	低压力	社会幸福感	职业幸福感	财富幸福感	其他回答
最新	73.3▲	70.1▲	75.6▲	68.7▲	67.1▲	70.2▲	62.2▲	60.7▲	70.5▲	65.1▲	69.7▲	68.2▲	-
平均	50.0	50.0	50.0	50.0	50.0	50.0	50.0	50.0	50.0	50.0	50.0	50.0	-

业精英中的精英。

2015年，就在这样的状态下，我开始了捡垃圾。

那时我正在为成为传奇企业家而努力，为了增强自己的体能，我专程前往东京进行了为期半年的"吉川（不是我）健身计划"，想着练出坚实健硕的肌肉，在成为传奇企业家的路上加速前进。

这项计划十分严苛，需要在类似莱札谱（RIZAP）的私人健身房中重复进行艰苦的力量训练和实施严格的饮食控制。著名的吉川教练告诉我："人体大部分的肌肉都在腿部。在像等电车这样的碎片时间里，可以做一些深蹲运动，会有效提高身体的新陈代谢能力。"

因此，每当有空闲时间，我都会尽量深蹲。然而，这个习惯很多人都坚持不下来。

我是习惯养成的专家。相关数据显示，同时进行多项活动会使习惯持续的时间增加4.3倍。于是我突发奇想，不如在健身的同时捡取城镇中散落的垃圾，一边捡垃圾一边健身。就这样，我养成了看到垃圾就健身的习惯。

然而，将捡垃圾和健身相结合，实在是一件非常辛苦的事情（苦笑）。做完10个深蹲后再去捡垃圾就会感觉筋疲力尽，捡 20 件垃圾后就再也不想捡了。尽管如此，不可思议的是，当坚持这一习惯后，我发现比起健身，捡垃圾似乎更令人快乐。

起初，健身是主要目的，捡垃圾只是习惯养成的附带行为。然而在不知不觉中，附带行为逐渐取代了主要行为。

◆ 如果一个人连自己脚下的纸屑都无法拾起，那他还能做什么呢？

那时，我正在拜读日本 20 世纪伟大的教育家森信三的著作。书中他这样写道：

> 如果一个人连自己脚下的纸屑都无法拾起，那他还能做什么呢？

看到这句话时，我突然意识到它就是在说我。有句俗语叫"灯下黑"，也许我就是那个无法拾起自己脚下纸屑的人。当时，公司正以高水平的"3S"〔整理（SEIRI）、整顿（SEITON）、清扫（SEISO）〕闻名，而我要想成为传奇企业家就必须回到原点，从站稳脚跟开始，从捡起自己脚下的垃圾开始。

就这样，不知不觉中，比起健身，我开始更加痴迷于捡垃圾。在最开始的一年里，我都是直接用手捡。但弯腰伸手捡垃圾很累，于是我在网上买了一把彩色的V形夹子，开始用夹子捡。

自那以后，每次出门我都会带着垃圾夹和垃圾袋，并逐渐深陷其中不能自拔（笑）。

◆ 如何养成捡垃圾的习惯？

基于习惯养成的研究，我知道一些坚持习惯的技巧。

其中一个就是：被测量才会被改进。

每个月我都会数一数自己这个月捡了几天垃圾，捡了多少垃圾，得到的数字会给予我信心，"原来捡了这么多啊"。然后我就会想要让这个数字增多，进而更加热衷于捡垃圾，形成一个良性循环。

为了更好地养成这项习惯，我还决定与他人分享自己今天有没有捡垃圾，并设定了奖惩制度：如果当天没有捡垃圾就受到惩罚；如果捡了就得到奖励。我努力不让员工觉得"社长总是口口声声强调习惯的重要性，自己却做不到"。利用他人管理自己是习惯养成的技巧之一。

自我管理很难坚持,所以要善于利用他人管理。我们公司有一份叫"习惯之路"的习惯记录表,我每天都会在上面写下当天是否捡了垃圾,将结果可视化。如果没完成目标就罚款1万日元。

如果非要说的话,当时的我更多的是带着一种责任感在捡垃圾。

原本是为了让自己开心才开始捡垃圾,但当时的我坚信通过这个行为可以成为更好的人。我坚信捡垃圾是一种善行。如果做好事,运气也会相助,而运气一旦垂青,公司的经营状况也会变好。

◆ 所有步行时间都在捡垃圾

开始用垃圾夹之后,我发现这项活动不仅能让人心情变好,还为社会做了贡献,是名副其实的善行。因此,我向家人推荐了这项活动。

我为大女儿和二女儿购入了儿童用的彩色小夹子,还在上小学和幼儿园的她们很开心地参与了这项活动。我们一起开始捡垃圾的第一天,在附近一家叫"厨房商店"(kitchen store）的超市门前，店长看到正在捡垃圾的二女儿，夸她"真是个好孩子"，还送了她一瓶葡萄味的芬达。

因为这件事，二女儿似乎认为捡垃圾时就会有好事发生，还会被人夸。于是在接下来的几天里，她都十分乐意去捡垃圾，期待着能得到更多邻居的赞美。

那么，孩子们最终坚持了几天呢？

只有三天（笑）。因为接下来的几天一直零报酬，孩子们很快就厌倦了。

自那以后，再也没有人和我一起捡垃圾了，我只好独自继续进行这项活动。

按照东、西、南、北四个方向，我设定了从家里出发捡垃圾的路线。每天早晨，我会先从中选择一条路线，捡上大约一小时的垃圾，再开始一天的工作，这已经成了我的日常例行事项。在清晨的日出时分捡垃圾，沐浴在耀眼的朝阳下，会让人沉浸在一种难以言喻的幸福之中。平时白天捡垃圾时，路人很少和我搭话。而早晨遇到的人似乎更为从容，所以在早上捡垃圾也最容易得到赞美。

虽说如此，当时的我还是一个十分忙碌的企业家。我要求自己每个月工作400个小时，从2008年开始坚持了13年。

在这13年里，除了因为父亲癌症晚期，我忙着看护和葬礼的那个月工作了274个小时，其他时候基本上每周工作6.5天，每月工作400个小时（包括阅读、研修经营和幸福方面的时间）。

企业家很难抽出专门捡垃圾的时间，因此我决定利用碎片时间，把走路的时间全部用来捡垃圾。"边走边捡"正是习惯养成策略中的"同时进行多项活动有利于习惯的养成"的活用。当有较长的空闲时间时，不管是1个小时还是2个小时，我都会一边听着有关经营的播客节目，一边继续捡垃圾。

◆ 公司出现了"交流式捡垃圾"

新冠肺炎疫情暴发之前，公司内部自然而然地出现了一项名为"交流式捡垃圾"（日语中"垃圾"恰好是"交流"一词的前半部分）的活动。

"社长都在捡垃圾，我们员工也至少每月做一次捡垃圾志愿者吧！"于是以公司总部所在地群马县太田市为首，员工开始在熊谷市、深谷市等设有门店的地区自发组成小分队，每天上班前花大约30分钟在门店附近或是太田站等地捡垃圾。"一边交流（聊天），一边快乐地捡垃圾"也成为我们公司做社会贡献的一环。

不仅如此，这项活动还令一些员工意识到捡垃圾的本质，现在已经有大约 8 名员工每天还在继续自发地捡垃圾。像我一样每次外出都随身带着垃圾夹捡垃圾的怪人可能并不多见，但听说有许多员工都会在上班前先围着门店绕一圈，清理店铺周围以及公司附近的垃圾。员工能保持这样良好的习惯，作为社长的我很骄傲。

不过，我从未强迫过任何人捡垃圾。例如，我就从来没有听说过我的继任者——第二任社长新井英雄捡垃圾（苦笑）。

强迫他人捡垃圾是对他人自由的干预。过去我曾认为作为一个企业家，强迫他人做好事是一种善行，但随着捡垃圾的日子越来越多，这种想法也开始逐渐变得模糊。想捡就去捡，不愿意的话就完全没必要去做，这不挺好的吗？

◆ 因为捡垃圾成了小小名人？

公司里人人都知道我在捡垃圾，毕竟我在写日报时经常会提到捡垃圾的事（笑）。不仅如此，这件事在我家附近也逐渐传开了："在群马县太田市西本町附近，有个高个子的男人经常一边散步一边捡垃圾,好像就是吉川家的爸爸。"

在家附近捡垃圾时,经常会碰到女儿的朋友透过车窗跟我打招呼。巡逻的警车经过时,警员会特意用扩音器对我说"辛苦了"——其实可以不用说的(苦笑)。在商店和餐馆附近捡垃圾时,店员们会对我说"非常感谢"。最近,我在一家咖啡馆的停车场里捡垃圾,恰好碰到一个兼职的男大学生走出来。见我在停车场捡垃圾,他似乎非常惊讶。随后他认出了我,想起我是他面试过的公司的社长,就更惊讶了。最终他顺利通过了面试,不知其中有没有捡垃圾的功劳。

还有一次,我正在附近一家炒面店门口捡垃圾,突然一个纯粹的想法涌上心头:"真想见到太田市市长啊。"没想到就在这时,大名鼎鼎的市长清水圣义突然出现在我面前,对我夸赞道:"年轻人真不错啊!你就住在附近吗?经常这样捡垃圾吗?哎呀,真是了不起!"

后来我看了他的推特,他在不知道我们公司有 340 名员工(当时的人数)、有望获得不少选票的情况下写了关于我捡垃圾的事情(笑)。

◆ 我的捡垃圾日记,全面公开♪

我从 2015 年就开始捡垃圾了。按一个月 30 天来算,每月我有 28.5 天都在捡垃圾。当然,每天捡的数量也许有所不同,有时可能一天只捡了 5 件,有时一天能捡 3000 件。取平均值的话,我每天大约捡 350 件垃圾,而这一行为已经持续了 8 年。

350 件 ×365 天 ×8 年,是 1022000 件垃圾。也就是说,我已经达成了捡 100 万件垃圾的目标。所以我私下称自己为"捡垃圾的百万富翁"(已经捡了 100 万件垃圾的人)(笑)。

接下来,我想从我的日记里随机摘录一些内容,通过回忆向大家展示平时的我是如何捡垃圾的。

【× 月 × 日,星期六】

今天是每月一次录制"系统化经营"会员视频(普里马维拉的付费会员视频)的日子,我提前用思维导图的方式准备了稿子、做了两份 PPT。这些工作都在附近的咖啡馆完成,于是在往返咖啡馆的 600 米我捡了垃圾。6 岁的小女儿想下午去"群马儿童乐园",所以我拿着垃圾夹和迪士尼的垃圾袋,与妻子、女儿一同前往。因为是周六,有很多家庭出行,一到停车场就看见地上有许多垃圾。于是我拿起垃圾夹和垃圾袋，开始在停车场和占地面积很大的公园里捡垃圾。孩子沉醉于游乐设施，妻子忙于在社交软件上发布孩子的照片和视频，而我则专注于捡垃圾。一边陪孩子玩耍一边捡垃圾——同时进行多项活动有利于习惯养成。后来因为捡得太认真，不知不觉竟走到离两人300米远的地方……捡垃圾的途中看到了一些玩纸飞机的孩子，我不禁回忆起和大女儿（现在是初三）小时候一起玩纸飞机的场景。低头看到脚下的蒲公英盛开，这在这个季节十分难得，我不由得被深深吸引，有一种说不出来的幸福感。♪

【 × 月 × 日，星期四 】

在这次参访成功企业之旅中，我住在群马县前桥市的白井屋酒店。早上，我与同行的两个同事一起在说笑中吃完早餐，随后前往另一家酒店集合。路程大约有700米，人行道上散落着一些垃圾，我拿着垃圾夹和迪士尼垃圾袋一路捡了过去。正值上班高峰期，从车站出来很多上班族，它们和我擦肩而过，大多表情并不愉快。而我一边哼着小曲，一边晃着夹子，信步走在人行道上，途中还看到时代（Times）停车场堆积如山的垃圾……在垃圾袋被装满前,我一直专心地捡着垃圾。此时,一个正在等公交车的四五十岁的女性夸我:"哎呀,你真棒,这么多人走过却没有人像你一样把垃圾捡起来。"我很喜欢在捡垃圾的过程中与陌生人交流,意外的相遇总是充满乐趣。♪ 如果是在平时,我会与她聊个尽兴,但这次由于视察团的集合时间已定,我只好笑着回复我的固定台词:"没有没有,只是爱好。我总是这样边走边捡垃圾。"然后挥手向她告别。到集合地点后,我将袋子里堆积的垃圾全部倒进了酒店门口的垃圾桶里。感谢酒店。

后来,船井综研咨询公司的元老级人物三浦康志先生在大巴上当着大家的面表扬了我(笑),他在酒店吃早餐时隔着窗户看到了我捡垃圾的身影。原来我在做的事是会被大家看到的。

【×月×日,星期三】

听说埼玉县有家公司给人一种像到威尼斯宫的感觉。为了考察这家公司,我坐公交车从太田站到熊谷站,再换乘前往森林公园站。从家出发,我先骑着自行车到了太田站,拿着垃圾夹在车站的圆形转盘捡了一会儿垃圾。太田站总是有很多垃圾，让我很有成就感。到熊谷站之后，我发现换乘的等待时间有 23 分钟。于是决定利用这段零碎时间在熊谷站南口的圆形转盘再捡一会儿垃圾。熊谷站比太田站干净，想到也许是有人和我做着一样的事情，心里稍感温暖。到了森林公园站，我继续在附近清理垃圾。今天的三个车站中，森林公园站的垃圾数量第二多。在这里我捡到了一个可爱的星星蝴蝶结发圈，并悄悄放进口袋里，准备带回家给小女儿（笑）。想到她会开心，我心里也暖洋洋的。等电车和公交车的零碎时间正是捡垃圾的绝佳时机。今天我的脑子里一共闪现了 15 条经营灵感，我依次将它们通过语音记到手机的"印象笔记"里。

【× 月 × 日，星期六】

因为赞助过群马县太田市的"雷霆"篮球队，我们全家被邀请来观看开幕式。太田市的运动公园里搭建了舞台和餐车，十分热闹。人多的地方总会有人随手扔垃圾，所以我拿着夹子开始捡垃圾。孩子们和朋友一起兴致勃勃地光顾着餐车，妻子忙着拍摄啦啦队的表演和在社交软件上发照片，而我一个人专心捡着垃圾。"篮球运动员的表现很出色，舞台上的演出很好看，幕后默默捡垃圾的我也很出色。"我如此自我表扬道。

◆ 带着垃圾夹在全国各地捡垃圾

捡垃圾时经常会被问："您总是随身带着夹子吗？"我回答"是的"。在家附近散步时，我总会拿上垃圾夹和一个结实又好看的袋子，垃圾夹也是时髦的黄绿色。

这个垃圾夹是我目前最爱用的，也是我的第四个垃圾夹。它是我非常欣赏的同事吉池大辅在一次公司年会上送给我的，上面刻有我的名字"M.YOSHIKAWA"，对我来说是一件独一无二的宝物，这个心意我也深深地铭记在了心里。它位居我一生最喜欢的生日礼物排行榜第一名，第二名是妻子送给我的50个捡垃圾用的超市购物袋（笑）。

捡完垃圾搭乘电车的时候，我会把夹子插入背包的口袋里。露出来的垃圾夹看起来就像古代武士的刀剑，让背着背包的我帅气不少（笑），所以我开玩笑地自称为"捡垃圾的武士"。没想到后来在网上发现了一个真正的捡垃圾的武士，他在视频里展示了许多酷炫的捡垃圾技巧。相较之下我只是一个山寨版

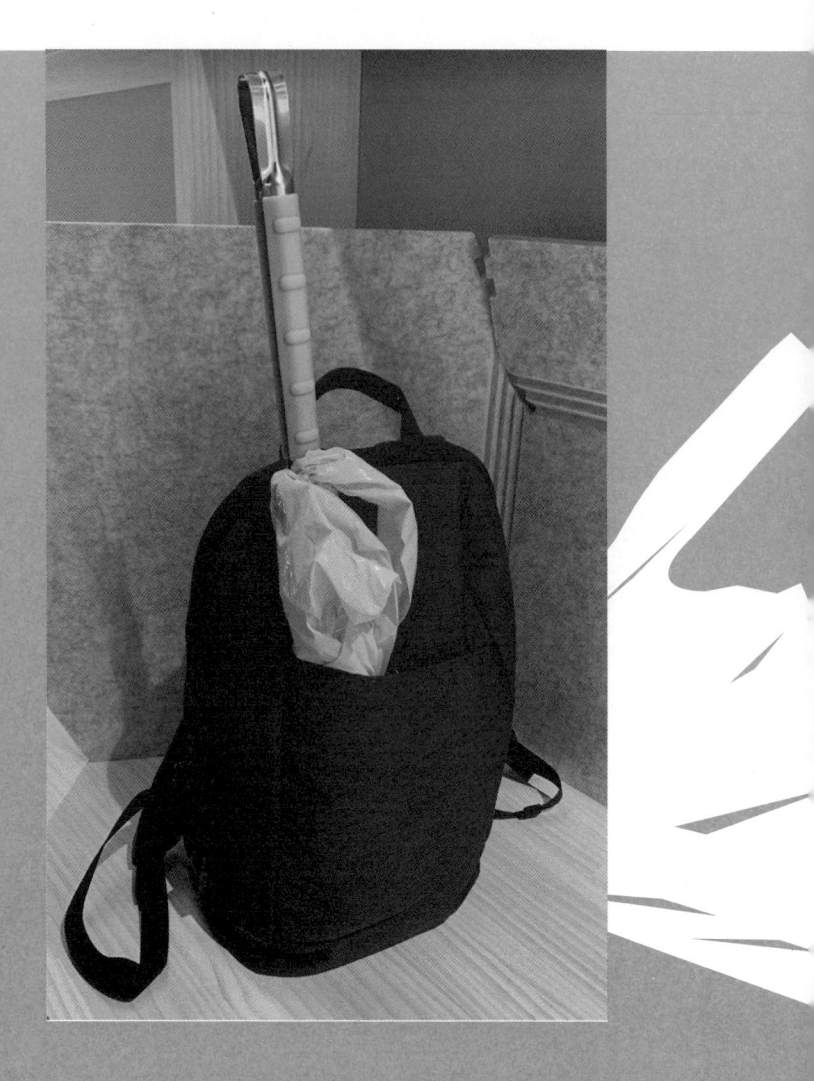

○ 出行时被插进背包里的垃圾夹♪

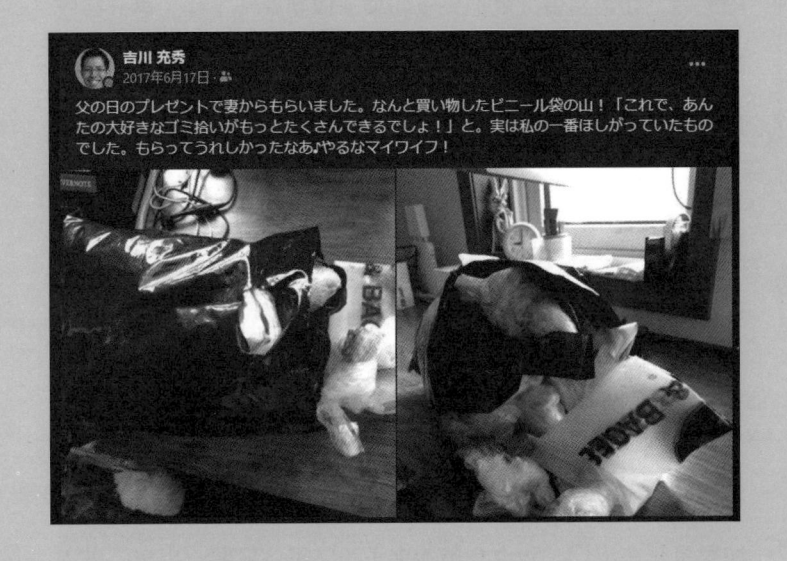

> 吉川 充秀
> 2017年6月17日
>
> 父の日のプレゼントで妻からもらいました。なんと買い物したビニール袋の山！「これで、あんたの大好きなゴミ拾いがもっとたくさんできるでしょ！」と。実は私の一番ほしがっていたものでした。もらってうれしかったなあ♪やるなマイワイフ！

○ 妻子送我的父亲节礼物
  是 50 个捡垃圾用的超市购物袋 ♪

捡垃圾的武士（苦笑）。

平时走路的时候，我会把垃圾夹和垃圾袋拿在手里。到目的地后，如果是餐厅就把夹子和袋子放到桌子下面，再开始吃饭或喝咖啡。如果是牙科诊所等比较注重卫生的地方，我会把垃圾夹插在雨伞桶里。

因为我一年四季都随身带着垃圾夹，有很多次都差点儿把它弄丢。不过它总是能奇迹般地回到我身边，就像捡垃圾之神在眷顾我一样（笑）。在过去的8年中，我带着这个夹子走遍了国内外数千个地方，到目前为止还没遗失过一次。

骑自行车的时候，我会把垃圾夹的柄部插进车后方篮子上3厘米×6厘米的小洞中，就像自行车长了一条尾巴。当然，如果是开车出门，我也会备着夹子和袋子，只要一出车门进入步行模式，就会开始边走边捡垃圾。如果是坐飞机出行，我会带一把短夹子，因为长夹子无法带入机舱。我会将垃圾袋缠在短夹子上，然后放进背包，再带上飞机。

如上所述，只要出行，我几乎都会随身携带夹子和袋子，有空就会捡垃圾。

前不久，我参加了由我非常喜欢的畅销书作者举办的"和翡翠小太郎的冲绳神奇之旅"。飞机抵达宫古岛机场后，点完名，大家都在等大巴。好动的我不太擅长单纯等待，于是拿起垃圾夹和垃圾袋，开始在机场周围捡垃圾。结果，旅行团主办方兼"感恩庭院"运营团队中一个叫龟甲和子的女士过来冲我说："好好排队！"这是我第一次因为捡垃圾而被责备，以前都是被表扬（笑）。于是聚会时，我将这件事当一件小趣事讲给大家。龟甲女士似乎感到有些尴尬。为了弥补，后来她特意为我介绍了一位很有能力的人，请他对我施了一些保佑我的神秘咒语并为我预约海水温热疗法等等，总之对我非常友好。

事实上，捡垃圾也会带来许多"好事"。关于这一点我稍后跟大家分享。

◆ 在全国各地捡垃圾的意外发现

北至北海道，南到冲绳和宫古岛，我带着垃圾夹走遍了日本各地。在此，我想和大家分享两个我在捡垃圾时的意外发现。

第一个是干净到令人惊讶的奈良站。当时我去奈良县奈良市参加一个朋友的公司的经营计划发表会。从奈良站下车后，我穿着西装手握垃圾夹，为捡垃圾做好了万全准备。然而，一路上没有看到一片垃圾。最后终于在走了 500 米后，才发现一

○ 骑自行车时也要捡垃圾♪

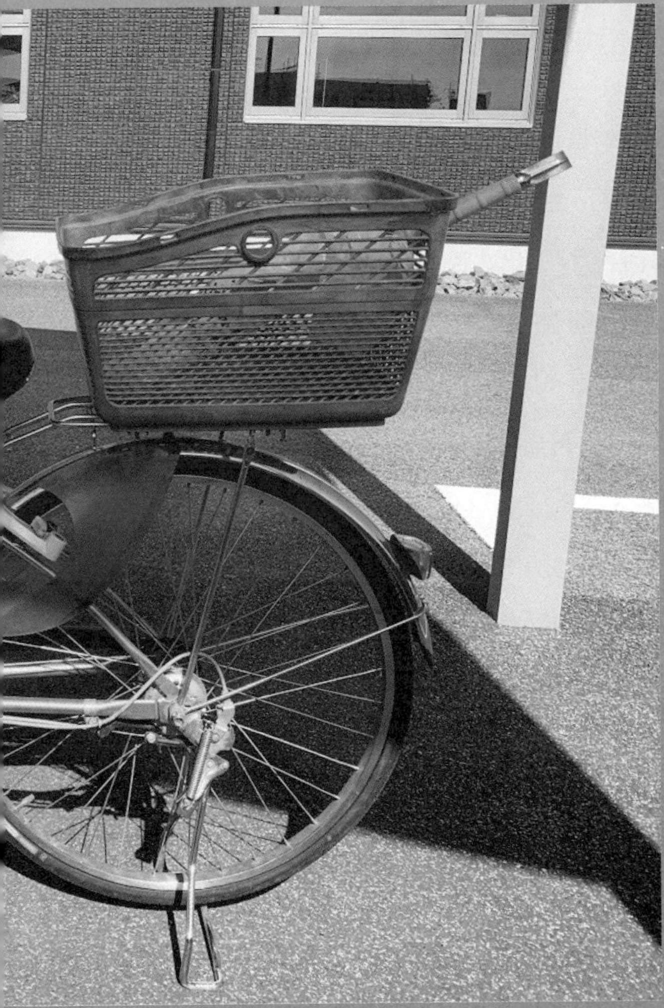

个烟头。我在全国 100 多个车站门口捡过垃圾，奈良站是最干净的。

第二个意外发现是在新大阪站。为了参加大阪的培训，我提前于晚上 7 点抵达了新大阪站，准备步行前往离车站只有 8 分钟路程的廉价商务酒店。出站后，我做好"要开始捡垃圾喽"的准备，一瞬间就被周围的垃圾数量吓了一跳：路边的排水沟里堆积着大量垃圾，而且这还是在疫情前。平时我捡垃圾的速度大约是 10 秒一个，但当时几乎每 2 秒就能捡一个。这时我使出了独门绝招：一次捡 2～3 件垃圾（笑）。尽管如此，我捡垃圾的速度仍然赶不上发现垃圾的速度，所以有时会直接弯腰用手捡。最后终于在一个半小时后，我走到了离车站只有 8 分钟远的酒店，双手拎着 3 个再也不能装的大垃圾袋。但是垃圾还没有捡完，因为太累，所以当时只好放弃了一些。不过我还记得因为心里不痛快，第二天早上我又以复仇者的心态捡完了剩下的垃圾（笑）。一个地方的垃圾多意味着这个地方有活力。对捡垃圾的人来说，那时的新大阪站确实是一个宝地（笑）。

◆ 捡垃圾是为了什么？

有一些品德高尚的人会出于善意参与捡垃圾，所以当他们看到新大阪站的垃圾情况时可能会愤慨："太过分了，这简直就是反映现代人内心的一面镜子。如果继续这样下去，日本社会将变得十分糟糕。"

而我看到垃圾时会想"该我出场了！"并因此感到开心。♪尽管如此，那天新大阪站的垃圾也确实太多了（苦笑）。

我并不是为了给社会或他人做贡献，没有想着"让城市变美丽，创造一个没有垃圾的世界"；也没有怀着善恶的评判标准，认为捡垃圾是好事，乱丢垃圾是坏事。

我只是为了自己捡垃圾。因为捡垃圾能使我快乐，所以我捡垃圾。在捡垃圾的时候，我会闪现一些重要的灵感，会哼歌，心灵会感到平静，然后就会变得快乐，还能锻炼身体，所以是一石三鸟，甚至一石十鸟。不对，仔细数完应该有 98 种好处。

◆ 我的预期年收入和实际年收入

在此，我想详细介绍一下我的公司和我自己。

株式会社普里马维拉是我 24 岁时创立的。从当地的县立太田高中毕业后，我考上了横滨国立大学，大学毕业后在超市里杀过鱼。之后，因为有在二手书店兼职的经验，我开了一家名为"利根书店"的店。

书店的营业时间是早上 10 点到凌晨 2 点，刚开业时全由我一个人负责。只在傍晚的两个小时里，父亲会来换班，我就利用这段时间吃饭和小睡一会儿。这些努力最终也获得了回报，开业半年后，这家只有便利店大小的店铺月销售额超过了 1000 万日元，每个月的营业利润达到了 530 万日元，跻身超高收益的店铺行列。随后我又开了两家分店，三家店都很挣钱，年仅 26 岁的我便登上了日本富豪排行榜。我和父亲的年收入各为 5000 万日元，两人算一起就成了亿万富翁。那时我住在人口只有 1.5 万人的新田郡尾岛町（现在的太田市），是当地缴税第二高的纳税人。也就是说，我终于成了有钱人。

目前，整个公司的营业利润已经比当年增加了 6 倍，而我一直将自己的年薪定在当年的一半以下。尽管公司的业绩提升了，社长的年薪在过去 14 年里却从没涨过。相反，我坚持将这部分资金用在提高员工的年薪上。现在，不仅是正式员工，兼职人员和临时工也能实现一年获三次奖金。我牺牲了一部分自己的利益来扮演一个优秀的老板（笑），也因此赢得了员工极大的信任（笑）。

很多人都被灌输过"清贫是美德"的观念，所以这种美谈很能引起共鸣。但其实这只是一点管理的小技巧（笑）。顺便一提，我听过一些同行说，他们公司和我们的规模、利润相当，董事拿 1 亿日元左右的报酬。因此，我也曾笑话自己是预期年收入 1 亿日元，实际年收入不到其四分之一的"好老板"（笑）。

◆ 连续 11 个财年刷新历史最高利润纪录

开了 3 家店之后，我继续扩大门店规模。在这期间，即使我在个人生活和企业经营上经历了诸多曲折和失败，也没影响门店销售额从创业初期开始持续稳步增长，迄今已经实现连续增收 25 年。

2005 年，我预测录像带（我们公司主要销售录像带而非出租）市场会逐渐缩小，因而进入了古着市场，推出了一些有独特风格的古着店，如周三折扣店（DonDonDown On Wednesday）、矢量（Vector）、买二赠一（NikokauSankometada）等，还推出了回收和出售贵金属与名牌包包的店铺高迪斯（Goldies）。

2015年，就在我开始捡垃圾的时候，公司还进军了日式整骨业。

从2012年起，我开始担任研讨会的讲师，面向企业经营者传授"印象笔记"的使用方法。如今，我将这方面的业务称为"经营支援"，向全国中小企业出售关于系统化经营的付费视频、提供咨询服务和"日报革命""在线经营计划书"等付费软件。

截至2022年，公司共成立媒体、二手回收、整骨院和经营支援四大业务部门，涵盖了17个业态，共有51家门店，390名员工。最新的财务报表显示，包括我们的子公司株式会社常盘在内，整个集团的规模已达到47亿日元。

目前，我们的门店分布位置以群马县和埼玉县北部为中心，遍布栃木、长野、茨城和福岛等六县。同时，我们在利根书店及耐依路（Nairu）官网上卖的速食咖喱——"绝伦咖喱"也得到了媒体的广泛报道。实际上，这款咖喱从创意到命名都是我想出来的（笑），正是在捡垃圾时闪现的灵感。♪ 此外，除了实体店，我们也会在亚马逊、雅虎拍卖、乐天及自家网站等线上回收与出售DVD和古着。

在业绩方面，我们已经实现连续13个财年增收增益。这个成绩实属不易，3759家上市企业中能做到的也只有11家。不仅如此，我们还连续刷新了 11 个财年的历史最高利润纪录。

DVD 的销售市场每年都在缩小。在这个逐渐衰退的市场中，我们的业绩却能提高，这令同行感到惊讶，还引得许多不同行业的公司从日本各地纷纷前来参观，希望了解和学习我们是如何增收增益的。疫情前，每年 7 月，我们都会租群马县太田市的婚礼场地来举办经营计划发表会。即使参会费用要 5 万日元，每年仍有约 80 家公司参加。可能是因为参会人员能获得一份自称"系统化经营日本第一"的普里马维拉的经营计划书，他们才愿意从各地赶来参加吧。

◆ 48 岁半退休

2022 年 1 月，我将社长一职交接给新井英雄，而我成为董事会名誉会长，因此以 48 岁的年龄便进入了"半退休"状态。在此之前，我当了 24 年的董事长兼社长。2023 年 1 月，我还将辞去董事长的职务，今后只以创始人的身份在背后默默支持新社长。所以我现在的状态是，将一部分时间投入经营，另一部分时间则用于捡垃圾和研究幸福的生活方式。

我目前的工作分为三部分。首先，我会每天阅读员工日报，构思一些具有创新性的经营理念和体系，然后将我的建议发给社长及各事业部的六位负责人。顺便一提，寻找创意的最好办法就是捡垃圾，♪ 捡垃圾会让人放空内心，好想法也会随之出现。

对了，我还举办面向企业经营者的研讨会，因此我的第二项工作是演讲、做PPT和写书。此外，我还出售价值超过10万日元的"卓有成效的经营计划书制作教程DVD"和"印象笔记经营学院系列"等50多个经营研讨会系列课程。其中最贵的是"吉川充秀的实践经营学院"，四天的费用为税后176万日元。

2008年，我拜师于株式会社武藏野的小山升社长。如今，我作为小山升社长课程的15名讲师之一，负责审阅日本约750家中小企业的经营计划书。这是我的第三项工作。

◆ 来公司的客人最惊叹的事情是？

虽然大田市交通不便，但是很多公司还会参加由普里马维拉举办的"实地考察会"和"店长会议考察之旅"等活动，至今已有超过300家公司莅临。在实地考察会上，参观者会惊叹于普里马维拉的门店管理方法，总是能听到如"竟然能把3S

贯彻得如此彻底"和"门店的员工手册竟然如此完善"等赞美之词。接下来，我们会带领他们参观位于门店二楼的公司总部。在零售业，许多企业的考察活动通常只展示销售区域，但我们还会展示柜台内部和后台等方方面面。这也是我们的实地考察会比较受欢迎的秘诀之一。

来到二楼后，我们会展示电脑里的全部内容。我自己都没见过这么开放的公司（笑）。我们会展示数字化和系统化经营的相关内容，如我们自主研发的日报软件"日报革命"、经营计划书软件"在线经营计划书"、任务管理软件"执行革命"等等。这些软件注重如何在工作一线取得实际成效，包含了我在管理方面的诸多经验。这是令参观者再次惊叹的地方。

实地考察会结束后，我们会邀请来参观的企业家和管理人员聚餐，在席间再次进行答疑或商业咨询。聚餐地点选在埼玉县熊谷站附近的一家居酒屋，参观团一行乘坐的巴士会停在居酒屋附近，大家下车后步行约 200 米即可到达。当时仍是社长的我此时就会潇洒地拿出垃圾夹和垃圾袋，一边往目的地走一边捡着熊谷站附近的垃圾。看到这一幕，参观者再一次感叹不已。

后来，我经常会听到类似的说法："今天参观普里马维拉的门店时惊着我了，去了总部之后更惊叹，但最让我惊叹的还是吉川社长捡垃圾的模样。"还有一些人会问可不可以拍照，甚至有企业家特意将我捡垃圾的照片发在脸书（Facebook）等社交媒体上。

◆ 捡垃圾是"凡事彻底"的代表

员工培训是企业家的一个重要工作，越是认真经营公司的老板就越重视培训。他们不只重视业绩，还关注个体的成长和发展，甚至还有一些老板在心灵教育方面也下了很多功夫。

捡垃圾便属于心灵教育和情操教育的范畴。很多人问我垃圾夹是在哪里买的，他也想买一个。不过，问得最多的问题还是捡垃圾的动机，我已经被问了100多次（苦笑）。

总之，企业家和教育家非常喜欢"捡垃圾式"行为。他们也更坚信捡垃圾（为世界和人类做贡献的行为）是一种善行。

不仅如此，他们还相信凡事彻底。"凡事彻底"的意思是在谁都能做到的小事上付出极大努力并贯彻到底的人才值得被真正地称赞和尊敬。正因如此，人们才会敬佩我这个在聚会开始前旁若无人捡垃圾的人吧。

在我多年的企业家生涯中，我发现最好的员工培训莫过于老板的以身作则。通过展示不同的自己，用自身的力量影响员工。员工时刻都在盯着老板说的跟做的是否一样，如果出现言行不一的情况，即使老板再会说漂亮的话也难以取得员工的信任。所以对于企业家而言，捡垃圾其实是一种能获得员工信任的非常有效的方法。

◆ 捡垃圾会改变"形"和"心"♪

序言中提到，改变一个人，要改变其对事物的看法、思维方式和习惯。对事物的看法和思维方式说的其实就是"心"，也就是要改变内心。单说一个字可能有些模糊，我们可以把它定义为看待事物的思维方式，这样更容易理解。另外，习惯源于行动的不断重复，这就是"形"。也就是说，通过改变心和形，就能改变一个人的人格。

那么改变心和改变形，哪个更难呢？我为了改变自己的内心养成了许多习惯。阅读很重要，参加研讨会也很重要，每日反复诵读名言也很重要。然而，改变对事物的看法和思维方式（心）还是相当困难的。

有没有更简单的改变内心的方法呢？

有个词叫"以形入心"，我们在向员工传达整理整顿的重要性时经常会提到它："整理整顿就是在整理'形'，'形'整齐后'心'也会随之变得平静。"在实际培训中，"形"要比"心"被改变得更快。社会人的生活本质上就是一项项具体的工作。因此，如果想要改变内心，可以从改变形——改变自己的行为入手。但是，行为往往是一次性的，所以我们还需要养成习惯。最有代表性的习惯之一，就是捡垃圾。

◆ 为什么捡垃圾能改变人生？

我希望员工能在物质上和精神上获得双重幸福。因此，我努力创造一个有意义的工作环境，让员工的年薪持续增长。每年年底，公司都会举行"心花怒放心灵研修班"。

然而，如果有员工对事物的看法和思维方式变形，就会出现"很难感受到幸福"的情况。例如，有些人很容易产生受害者心态，这在心理学上被认为是一种最难获得幸福的典型心态（我们公司内部称其为"Victim Mind"）。对于这些有受害者心态的人来说，我们需要不断地拿出具体例子来问他们"这样真的可以吗""是这个吗"，使他们从根本上改变自己对事物的看法和思维方式。通过心灵研修班，我们收到了很多员工以及其他公司社长和高层的反馈，他们都说："改变了人生！"有些人甚至表示："参加了心灵研修班才有了现在的自己。"

在研修班中，我们会谈论"幸福是什么"这一最本质的问题，会讲述获得幸福的方法、对事物的看法、思维方式、习惯等诸多观点。在谈到对事物的看法和思维方式时，我们强调坦诚和积极思考的重要性。在谈论习惯时，我们会讲到健康的习惯、调整心态的习惯以及整理周围环境的习惯等等。

而在这些习惯中，对我的心灵产生最大影响的，莫过于捡垃圾的习惯。

捡垃圾会改变行动，改变"形"。坚持下去，就会改变习惯。这样一来，从捡垃圾这一"形"出发，就能培养出更加积极的思维方式，"心"也会随之改变。

捡垃圾的好处不胜枚举。本书共列举了捡垃圾的12个魔法，但实际上我发现了98个（笑），书中没有提到的部分我会在个人博客等平台上分享。下面是部分摘录（共计98个）。

　　捡垃圾会让你变得利他。
　　捡垃圾会让你变得有毅力。

捡垃圾会让你获得灵感。

　　捡垃圾会让你懂得知足常乐。

　　捡垃圾会让你进入冥想状态,心灵回归平静。

　　捡垃圾会让你成为内心的富豪。

　　捡垃圾会让你的生活变简单。

　　捡垃圾会让你为社会做出贡献。

　　捡垃圾会让你赢得邻里的感激。

　　捡垃圾会让你变得谦逊。

　　…………

作为一个习惯养成的狂热爱好者,迄今为止我已经尝试了许多习惯。但我认为,捡垃圾才是能够改变人生的最强习惯(详细原因稍后解释)。简单来说,捡垃圾,不,持之以恒地捡垃圾,就像在给人生施魔法。被这种魔法感染后,人生就会变得愉快而充满活力。捡垃圾的最强魔法就是让人快乐。

本书的日文名叫《捡垃圾也许能给人生带来魔法♪》。为什么要用"也许"这种含糊的表达呢?因为除了我自己,我不知道还有谁通过坚持捡垃圾感受到了魔法(苦笑)。这并不是一本对捡垃圾的人进行深入调查的书,除我本人以外,这种说法没有任何其他依据（笑）。像我这样把捡垃圾和快乐联系起来，并深入研究的人可能并不多，所以也没有什么研究对象。在过去 8 年里，我一边捡垃圾，一边将与此相关的感悟记录在印象笔记里，正是这数千条笔记最终凝结成了这本书。

起初，出版社提了一个有畅销潜质的书名《捡垃圾如何令我成功？》，但我拒绝了（苦笑），因为捡垃圾和物质层面上的成功并没有直接的因果关系。我想向读者毫不夸大地传达我的真实想法，所以最终决定采用原先的书名。虽然看上去不太自信，但这样的姿态或许更容易获得读者的信任（笑）。

顺便一提，关于这本书的定价也有一段小故事。因为我写稿写得忘乎所以，导致最终篇幅超过了 300 页。考虑到纸张等原材料的成本问题，出版社的社长想提高价格。于是我提出了一个建议："价格就定 1653.1 日元吧。加上消费税，也就是乘以 1.1 的话就是 1818.41 日元。1653.1 这几个数字重新排列一下就是'捡垃圾'（日语中这几个数字的发音拼在一起恰好和"捡垃圾"的发音一样）。"如果有人问："为什么要捡垃圾呢？"我们就可以回答"哎呀哎呀，好事好事"（日语中 1818.41 这几个数字的发音拼在一起恰好和"哎呀哎呀，好事好事"的发音一样）（笑）。所以，最后就定了这样一个略高的价格。

那么,为什么捡垃圾会向我的人生施展魔法呢?接下来我将通过分享捡垃圾的诸多故事,结合前辈和我归纳的幸福法则,为大家解答这个问题。

欢迎进入捡垃圾的魔法世界!

CHAPTER-2

第二章

捡垃圾
也许能给人生
带来魔法
♪

捡垃圾让你不再在意他人的目光 ♪

◆ 家人劝我"太丢人了,别捡了"

母亲的老家在群马县太田站附近,那儿有一家堂吉诃德(日本大型折扣店),堂吉诃德的周围简直是捡垃圾爱好者的天堂(笑),总之有很多垃圾。这也从侧面证明了这家店真的很火,♪当然,也有一些就像小偷在店里偷完东西之后顺手扔的垃圾。所以绕着店铺捡垃圾其实还会有附加效果——我能注意到该店面向的消费者群体以及经营上的问题。作为一名同样的零售业从业者,我会一边捡垃圾一边推测店铺的经营状况,例如"这家店有没有清理停车场的固定工作流程",等等(笑)。

一旦开始在堂吉诃德附近捡垃圾,我就像陷入了泥潭。垃圾太多,捡来捡去总也捡不完……年轻人深夜爱聚集在这儿结伴吸烟,到处都是成堆的烟头,多的时候一个地儿能有70多个。

在堂吉诃德附近捡垃圾时,有时还会遇见来购物的母亲。她开口总是先夸夸我:"真是个好孩子啊,不愧是我儿子(这句话略显多余)。"然后会接着说,"但你好歹是个社长吧?拜托你别再捡垃圾了。"而我总会笑着回应:"好,好。"然后优雅地忽略,继续捡垃圾(笑)。

其实,在我大学毕业后去当地超市卖鱼时,母亲就曾多次跟我抱怨："国立大学念的书，最后却成了鱼贩子，真丢人啊。"（苦笑）。不过，如果当时的我像同班同学一样去银行工作或是当公务员，踏上精英之路，恐怕就无法追求自己的创业梦想，过上现在这般每天捡垃圾的有趣的生活了（笑）。

我家附近有一条人流量很大的地铁2号线，这条路也就成了我捡垃圾的主要阵地（笑）。俗话说"狗走在路上也会被棒子打"，我希望大家能发现"吉川走过的地方就会变干净"，所以每天拿着夹子和迪士尼的垃圾袋走在2号线上，已经成了我的必修课。

◆ 捡垃圾不为别人，是为自己

上一章提到，我捡垃圾时，偶尔会有路过的行人从车里跟我打招呼。

"笑兰爸爸！"

"爱莉爸爸！"

在太田市，目前会随身携带垃圾夹的人只有我，所以远远一看就能一眼认出我来（笑）。顺便一提，在我捡垃圾的8年里，我妻子除了在家门口，从未在其他地方捡过一个烟头。与我在一起时,她对捡垃圾这件事情感到十分难为情,似乎还下定决心再也不碰垃圾夹(笑)。不过这非常符合她的性格(笑),我也不会干涉她的自由,所以就不多说了。

有一次我正在专心捡垃圾,遇到小学三年级的大女儿的两个朋友放学回家,他们看到路边的我,便走过来和我聊天。

"咦,这不是吉川爸爸吗?您在干吗呀?"

"我在捡垃圾哦,因为我喜欢捡垃圾。"

"您住在那么大的房子里,还要捡垃圾吗?"

小朋友们带着惊讶的表情离开了。我猜他们回家之后很可能会和父母发生这样的对话(笑):

"今天我看到吉川爸爸了,他在捡垃圾。"

"啊,那个爸爸啊……虽然蛮有名的,但大家都知道他有点儿奇怪。"

我常被人说"与众不同",实际听起来更像"你真的很奇怪"(笑)。妻子甚至说我:"你不是奇怪,你是完全疯了。"然而,无论别人称我"怪人"也好,还是夸我"了不起"也好,我都不在意。不过,在刚开始捡垃圾的时候,我还是在意过别人的看法的。

妻子曾对我说:"大女儿好像觉得爸爸捡垃圾很丢脸,她希望你不要捡了，你能不能为她考虑一下？"我也反省过，想着"捡垃圾的时候是不是要注意一下穿着呢"，毕竟那时我总穿一件鲜艳的纯蓝色羊毛衫，远远看过去十分显眼（苦笑）。即便如此，我还是坚持捡了8年的垃圾。

捡垃圾的终极目的是让自己快乐。捡垃圾时，我会不知不觉间进到一个自己的空间里，不再在意他人的目光，只专心与垃圾对话、与自己对话。这段时间无比宝贵，任何东西都无法替代。"大家在一天中能有多少时间静下心来与自己对话呢？"我问了问周围的人，大多数回答都是零。而捡垃圾的时间其实就是与自己对话、与自己的内心对话的绝佳时间。

◆ 捡垃圾让我找回自我

群马县太田市有一条著名的风俗街，叫"南一番街"，疫情前叫"关东北部的歌舞伎町"，晚上会吸引大量男性前往，也因此留下了很多烟头和空啤酒罐。

这些晚上活跃的店往往不会清扫自家门前的垃圾，所以风俗街也成了捡垃圾爱好者无法拒绝的宝地（笑）。疫情前，我也曾因工作和顾客、同行以及公司员工在这条街上喝酒。每每我都会带着垃圾夹和垃圾袋，通过捡垃圾来醒酒。然后就会有站在店门口拉客的店员取笑我："嘿，怎么了？你是不是坏事做多了，现在在赎罪啊？"（笑）。不过也有人会觉得"做这种事的人很虚伪"，然后开始反感捡垃圾这个好习惯。

不管是哪种情况，我都会愉快地回应"是的呢"，然后毫不在意地捡起可能是那位拉客店员刚丢的烟头，扔进迪士尼的垃圾袋里，再潇洒地继续往前走。♪

我们经常活在别人的目光之下。如果没有坚定的内核，就容易失去自我，容易在意他人的看法。

那么，如何才能拥有坚定的内核呢？首先就是要改变自己对事物的看法以及思维方式。但如前所述，要想改变自己，从"形"——行动——开始会更简单。因此我们可以通过改变持续性的行动——习惯——来改变自己的思维，从而树立坚定的内核。实际上，坚持捡垃圾这一习惯会让你不再在意他人的目光，"做自己"就是你能从捡垃圾中收获的最宝贵的礼物。♪

"以他人为中心"是一种内心状态受制于他人评价的生活方式，自己的幸福让别人做了主。被人夸了，你感到幸福；被人骂了，心情就会变得不快。这样的人生就像是一场关于幸福的赌博，而"做自己"是一种由自己来评价内心状态的生活方式。

不管别人怎么看，你都只需按照自己的步调去做自己认为快乐和幸福的事情，从而拥有愉悦的心情。不将幸福寄托于他人，而是自己努力保持快乐，这便是做自己（Be yourself）的含义。而序言中提到的"做个好人"，就是典型的以他人为中心，其背后逻辑仍然是他人认为的善行和普遍认为的道德观念。

在思考幸福时，从人生的终点逆向思考是一种有效的方法。当人生走到尽头时，你最遗憾的事是什么？统计数据显示，最常见的回答是"没有活成真正的自己"。那么，就从今天开始做自己吧！你的人生将会变得更快乐，通往幸福的方向盘将重新掌握在自己手中。

◆ 保持自我的最强口头禅

我的两只手套是不相同的，一只是孩子的旧物，另一只是我在捡垃圾时捡到的。作为群马县最大的古着收购公司的创始人兼社长，每年我们都会从群马县和埼玉县的居民手里收购约250万件旧衣物。手套自不必说，衣物也是琳琅满目，门店里摆着众多价值数十万日元的LV包和将近100万日元的名贵运动鞋。即便如此，我仍坚持用二手旧物和捡来的手套。

妻子曾对我说："拜托你别那样出现在我的朋友面前，太丢人了！"妻子是非常在意他人看法的人（笑）。然而实际上，当我戴着那副手套出现时，她的朋友们全都用笑容迎接了我，甚至还有人称赞"好可爱"。没见面前听说我是社长，她们都在猜我会是什么样的人。见我这副模样出现，她们反而松了一口气。

这两只不一样的手套是我目前最钟爱的物品，妻子觉得丢人，更让我不由自主地想为它们辩护，这也算是一种微弱的抵抗吧（苦笑）。总之，这也是做自己啊。即使在他人看来很丢人，只要自己觉得没问题那就没问题。♪毕竟人生转瞬即逝（笑）。

如果有人对你说"那样打扮真难看""捡垃圾真丢人"，不如就用"所以呢"或者英语"So what"来回应吧。当你拿出自信和坚定的态度来，对方往往就会无言以对。不需要用敌对的语气，而是用"我就是我"来表达自我，这就是我找到的保持自我的最强口头禅。♪

作为一名习惯养成的专家，我认为改变心态最简单的习惯就是换口头禅。

我无意为母亲的虚荣而活，也不愿为不被叫"怪人"而活，不打算为大女儿青春期过剩的自我意识而活，也不打算为迎合他人的嘲弄而活，更不愿为妻子的体面而活。我只想为自己的快乐而活。不再刁难、干涉、强迫周围的人。如此一来，周围的人也将感到幸福。

也就是说，你将学会尊重他人的生活方式。如果让你选择，你是会选择压抑自己活在他人的审视下，用自己的标准评判他人，最终带着后悔走向死亡；还是选择保持自我，活出快乐，尊重他人、不干涉他人，做真实的自己过完这一生？

坚持捡垃圾可能会让你找回自我，变得快乐，学会尊重他人。你愿意拥抱这份可能性吗？

捡垃圾
让你
兼容并包♪

◆ 捡垃圾使心灵更干净

在大家眼里，垃圾是很脏的。尤其是新冠肺炎疫情暴发之后，这种印象也许更强烈。疫情初期，我常送二女儿去家附近的一间教室学习，沿路她会和我一起捡垃圾。有一次，她在路边捡到了一个口罩。

到教室后，孩子以为会受到老师的表扬，便对老师说："我捡了些垃圾，可以帮我扔掉吗？"结果老师却冷冰冰地回答："你是做了件好事，但以后不要再把垃圾带过来了哦。"

我能理解老师的心情。疫情初期正是全民被病毒的阴霾笼罩之际，老师担心口罩上带有病毒是再自然不过的反应。而像"孩子好不容易做了件好事，作为教育工作者，这样做可不行"这种话也不是不能说，但毕竟我自己在不了解新冠的时候也曾认为捡口罩有点儿恶心。

当然，现在的我已经可以若无其事地捡口罩了（笑）。就在前几天，一个窄小的十字路口上竟然有 4 个被扔的口罩。他人对口罩避而远之，反而让我觉得这是自己大显身手的好机会，因而捡得乐此不疲。♪其实口罩在垃圾中算是相对较大的物件了，比起捡烟头更让人有成就感（笑）。

我认为捡起这些乍看起来很脏的东西,可以让心灵更干净。

"心灵更干净"这一表达可能听上去有些难懂。将它分解开来,指的其实是捡起那些乍看起来很脏的东西会增强人的自我肯定,让人更喜欢自己,因为做了好事,心情也会变好。这就是所谓让心灵更干净的机制。

心灵干净,就是指心情轻松愉快。事实上,通过捡垃圾,是可以创造出轻松愉悦的心态的。

◆ 脏东西也能看上去不脏

因为常与那些乍看起来很脏的垃圾相伴,所以即使再看到脏东西,我也不觉得有多脏了。正如我最喜欢的乐队——孩子先生(Mr.Children)的百万金曲《无名诗》所唱的那样:"如果只是稍微弄脏的食物,我会吃得一点都不剩",我真的能够体会到那种感觉。

我特别喜欢吃孩子们的剩饭。实际上,这些食物都是"食品垃圾",本应该扔掉。但当我把它们吃掉,赋予它们新的生命力时,就像是为无处安放的拼图碎片找到了合适的位置,心情也随之变得快乐起来。

小女儿一两岁的时候，我正痴迷于做少食或不食的试验，妻子不给我做饭，我就把小女儿的剩饭当主食吃掉（笑）。

那段时间，我每天都很忙，为了不让消化系统消耗过多能量，将更多的精力分配到工作上，我选择了少食或不食。♪

1岁孩子的剩饭实在是相当特别。稀饭会被弄得到处都是，可乐饼会被捏得乱七八糟，有时还会混入胡萝卜汁，就像是出现在理科实验室里的产品（笑）。这种混合而成的"胡萝卜汁可乐饼稀饭"就是我的主食（苦笑）。哪怕是自己孩子的剩饭，也绝对算不上好吃（苦笑）。

◆ 掉在地上的食物是从天而降的礼物

捡垃圾时常常能捡到带包装的糖果或点心。前几天我捡垃圾的时候，刚想着"好想吃点什么啊，想嚼口香糖"，然后就发现了一片带有锡箔纸包装的口香糖。一般来说，只要是未开封的食物，我都会欣然享用。打开一看，竟然还是我最喜欢的薄荷味嘉绿仙。♪

有一次在新干线的绿色车厢里，我正想吃点甜的，就发现了一个被人落下的未开封的泡泡球糖果。♪

还有一次是去千叶县铫子市出差，我骑着租来的自行车去丘展望馆眺望太平洋的美景。当时我出了不少汗，也有些累，正想吃一些甜食，没想到就在捡垃圾的时候发现了一个未开封的橙子味糖果。我心想这一定是上天的馈赠，于是把它吃掉了。当时，糖果的香甜仿佛一扫全身的疲惫，给我注入了活力，随后的骑行也变得更加愉快。♪

通常情况下，99% 的人都会说掉在地上的东西不能吃，但我会欣然享用未拆封的食物。吃自己花钱买来的食物和吃上天馈赠的食物，所带来的喜悦有 100 倍的差距。♪花钱购买并食用会令我满足，但不会令我感动。而对于意想不到的礼物，感动之情却会自然而然地涌上心头。

大家也可以鼓起勇气，大胆地去尝一尝掉在地上的食物（只是稍微有点儿脏的话）。我相信，与我同龄的许多人应该都会对"孩子先生"乐队的歌词产生共鸣。当然，也许有人会觉得歌就是歌，和现实生活不一样。但这可能是因为你将理想和现实分得过于清楚，由此产生了一些偏见。现实生活大多是过去的延续，是缺乏感动的；而追求理想的生活、成为全新的自己，则会带来更多的感动与不可思议。捡垃圾就拥有这样的魔法。

话说回来，如果对于那些最不受欢迎的垃圾我们也能用平常的眼光看待，甚至对其产生情感，那是不是意味着我们对世界上的所有事物都能充满爱意呢？也就是说，我们的心胸将会变得更加宽广。

在酒店的浴场或是公共洗浴中心的更衣室里通常都会准备供顾客梳头的梳子，我想可能 99% 的人都会选择用消过毒的，而我会选择大家一起用的梳子。因为我觉得大家都刚刚洗过澡、洗过头发，即使是平常不太爱干净的中年男人用过的梳子应该也没什么问题（笑）。

虽然这些举动看起来很不合常理，但我认为这正是"自他一体"的表现，进一步延展就是更高层次的"万物一体"（Oneness）。是自己丢的垃圾还是别人丢的垃圾都不重要，捡垃圾只是一种单纯的行为。

也就是说，坚持捡垃圾会逐渐模糊个体与他人之间的界限，进而达到自他一体的境界，产生一种自己和他人都归于同一的感觉。我们不再关注"是谁丢的垃圾"，因为都是"我们的垃圾"。捡垃圾的魔法将引领我们进入这样一个兼容并包、万物一体的世界。♪

捡垃圾让你不再评判♪

◆ 如何看待地上的垃圾？

最近日本出现了一股捡垃圾的热潮，打开报纸和电视全是相关的新闻。地方报纸报道着在山里捡垃圾的环保活动，电视新闻播报着海滩垃圾和海洋微塑料污染的话题。这些新闻都在传达着一个相同的观点：请不要乱扔垃圾，让我们共同保护地球环境。

根据我的经验，这些报名捡垃圾的志愿者往往是高品格的人，他们致力于为社会和人类做出贡献，所以在捡垃圾时也容易生气："怎么会有人在这里随地乱扔垃圾！"我公司也有一些员工会定期自发地在门店周围和附近捡垃圾，在他们的日报中也能看到类似的话语，例如，"烟头真的很多，吸烟的人需要提高自己的素质"等等。

我的想法却有所不同。有一次，我家门口竟然连续几天出现了烟头和食物包装纸，就像是有人在向我挑衅一般。当然，我的妻子对此非常生气（笑），打扫的时候嘟囔着："到底是谁！真可气！"

我却觉得这正是我大显身手的机会（笑），垃圾也捡得十分淡定。当然，身为一个社长，我也会突然怀疑自己是不是做了什么让别人记恨的事……不过因为怎么也想不到这个"仇人"，最终我还是乐观地认为也许是知道我喜欢捡垃圾，有人为了让我开心特意留的呢。♪

◆ 不评判，心绪会更平静

从 24 岁开始，我已经在这个竞争激烈的社会中做了 25 年的经营工作。

在这 25 年间，我的日常工作就是做决策。我需要根据利弊、善恶和经营理念来做出各种经营上的判断，像法官一样。我需要在人事评估工作中对员工评 A、B、C 级，我需要决定奖金和涨薪制度、选址开店、制定经营方针、定价……经营工作实质上就是一个不断做出评判的过程。

然而，过于频繁地评判也可能影响到个人生活。作为社长，我一直强调员工在汇报时要先说结论，这样会便于我更快地做出判断。不知不觉中，我在家庭中也开始要求妻子同样做到这一点（苦笑）。以前，对于妻子没有头绪的闲聊，我只会冷冷地回应："所以结论呢？"或者"你到底想说什么？说重点。"而这必然会影响夫妻关系。妻子总是会气鼓鼓地对我说："家

庭不是工作！"（苦笑）

现在我的基本方针是：在经营和工作上评判，在私人生活中不评判。

这句话看上去简单，执行起来却很难。但现在我已经可以轻松地做到了，这也是捡垃圾的功劳。

在捡垃圾时，走过的路上会不断地出现垃圾。我并不会对此一一做出判断，比如"这个要捡""这个不捡"，而是一直在行动。坚持捡垃圾能够让人养成不评判的习惯，这样一来，就能保持平时不评判，只在特殊情况下评判的态度。

就我而言，在个人生活、家庭和工作中，我基本上会遵循不评判的原则，只有在被需要的时候才会评判。因为没有了内心的裁判，我能够更平和地度过大部分的时间，心灵的指针便不会摆向不开心的一方。

◆ 不评判，问题就不是问题

我们家有许多问题事件。有一阵子，妻子非常担心正在读初中的女儿，觉得再这样下去她可能会拒绝上学。我回答说："那也没关系啊。"（笑）

○ 让心灵的指针
　摆向开心的一方吧♪

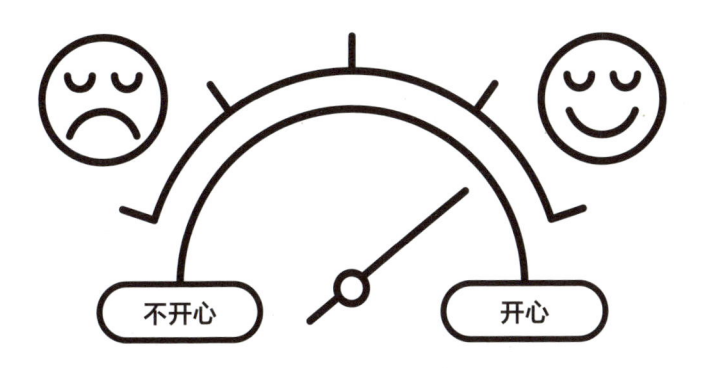

不开心　　开心

"你说二女儿要不要继续学钢琴啊？""都可以啊。"（笑）

"二女儿初中考哪儿啊？""哪儿都行啊。"

因此妻子经常责备我什么都不想，说我这个父亲不称职。

然而，是做一个因关心女儿而时时焦虑、因固执己见而被讨厌的称职的父亲快乐，还是做一个只有在女儿需要时才干预的不称职的父亲更快乐呢？（笑）

如果女儿需要，我当然会提出意见，但我不会强行要求她。女儿是一个独立的个体，她有自己的人生，而我并不打算去干涉。

一家人一起看电视的时候，妻子会和三个女儿一起讨论这些演员中谁最帅，谁最难看。这也是一种评判。我既不会说"不要评判"，也不会反过来积极地融入讨论中。如果她们问到我，我也会表达自己的意见："我啊，可能选桥本爱吧。"（笑）

那么，喜欢评判的人可能会有哪些口头禅呢？代表性的有两种："什么"和"为什么"。

"什么？为什么？为什么要我一个人来打扫？（怒）""什么？为什么？为什么只有我的蛋糕这么少？（怒）"。在我们家，这种情况屡见不鲜（笑）。当我对女儿说"一起来捡垃圾吧"，她会回答："什么？为什么？为什么我要捡垃圾？"

而对于经常捡垃圾的我来说，看到垃圾时，我既不会说"什么",也不会想"为什么",通过捡垃圾,我摆脱了遇事先说"什么"和"为什么"的思维。

在日常生活中不评判,许多被认为是"问题"的问题将不再是"问题",心绪也会变得平和。不频繁干涉他人的生活,就不会因他人的不快消耗自己的能量。每个人的人生都是他们自己的人生,尊重他人,有意识地不评判,专注于保持自己的快乐。即使只是小小的一步两步,捡垃圾也能够让我们更接近这样的心境。♪

捡垃圾让你减少焦虑♪

◆ 陪妻子长时间购物也不会焦躁

我的妻子很喜欢购物，特别爱逛鹤屋和雅而可（Yaoko）这种当地超市，每次去都会买很多东西。虽然我现在是 48 家零售店的社长，但曾经也是一名超市的员工，所以有时为了学习也会陪她一起去。一般来说，女性的购物时间会比较长（笑），因为她在享受购物这个事情本身。所以从某种意义上来说，妻子可以称得上生活达人。

但话说回来，在陪女性一起购物的男性中，有很多都会因为时间过长而感到焦躁不安。

过去，我的目标是成为传奇企业家，所以我曾标榜自己是"日本最重视每一个瞬间的男人"，过着珍惜每分每秒的生活。那时，我对妻子和女儿们过长的购物时间总是很无奈（苦笑）。但现在，我拥有一项最棒的爱好——捡垃圾，即使被迫等待很长时间，我也不会感到焦躁。

前不久，妻子和女儿们进行了一次长达一小时的购物活动，她们依次逛了雅而可和岛村，还去了百元店思丽雅（Seria）。在此期间，我也在广阔的停车场和道路两旁的绿植间愉快地捡了一小时的垃圾，最终捡了满满两袋，数量之多令人吃惊。大概是由于对面的道路交通量大、汽车车速又快，超市的店员即使知道有很多垃圾也有心无力吧。不过，这反倒让我心满意足地享受了这段捡垃圾的时光。♪

在超市附近捡垃圾的好处之一是可以借用垃圾桶。我只要将捡来的垃圾分成可回收垃圾和其他垃圾即可，不用再把它们带回家。她们购物的时候，我就像是超市的兼职员工，愉快地享受着捡垃圾的乐趣。

顺便一提，疫情前陪妻子去超市购物时，我经常会主动帮忙整理超市的货架。如果牛奶货架乱了，我会把快过期的牛奶排到前面，整理并摆好。我还会在鱼、肉和熟食区走一圈，把后排货架上的商品挪到前面来。我做这些不只是因为无聊，也是因为在整理货架的同时能够观察到最畅销的商品，从而进行销售分析，对经营也有帮助（笑）。因为是一名经营者，我尽量让自己的行动能对物质和精神两方面都有所帮助。整理完货架后，我会开始清理停车场的垃圾，就像一个孩子在玩扮演店员和清洁人员的过家家游戏，这些都是疫情前的美好回忆。♪

◆ 参加家庭活动也不会焦躁

每每家庭旅行时,妻子和孩子们喜欢在服务区或沿路车站购买特产,每次都得挑很久。

这时,零售业从业者的我总会先在商店里绕一圈,看看有没有值得借鉴的地方,如果有就悄悄拍下照片。然后我会走出去,拿着垃圾夹和垃圾袋开始捡垃圾。服务区的停车场通常都很大,特别是人流量较大的服务区和沿路的车站附近通常会有更多垃圾。有次在淡路岛的一个服务区,我不知不觉走了300米远,结果变成她们等我,反而她们变得有些烦躁了(笑)。

疫情前,每年元旦我们都会回妻子的故乡过节,和亲戚一起共进晚餐。有经验的人可能会理解,去妻子的故乡,自己感觉自己就像是《海螺小姐》里婚后住在丈母娘家的丈夫一样。妻子与她的兄弟姐妹愉快地交谈着,而我坐在几乎没怎么说过话的男性亲戚之间,既尴尬又小心地用筷子夹菜,想吃最远处的伊达卷都开不了口,真是典型的内敛的日本男人的一天(苦笑)。

不过只要熬过了这一趴,之后便是我最期待的活动,那是真正属于我自己的时间。结束家庭聚会后,我会一个人步行1~2

公里,前往最近的车站——群马县绿市的赤城站。一路上我一边哼着小曲一边捡垃圾,然后坐电车到离家最近的太田站。从太田站走回家大约1.5公里,路上我会继续捡垃圾。元旦这一天,我会捡上满满两袋垃圾,大约有2000件。♪一年之计在于元旦捡垃圾,这无疑是一年中最完美的开始。

◆ 去无所适从的主题乐园也不会焦躁

我是不太习惯去迪士尼乐园和环球影城这类主题乐园的。虽然不讨厌,甚至还有点儿喜欢,但就是不太适应(苦笑)。这是一种不伤害任何人的委婉说法,意思是虽然我喜欢这种氛围,但身处其中会有些无所适从。当然,妻子和孩子们都非常喜欢。在疫情之前,为了获得小熊维尼猎蜜记的快速通行证,我这个老父亲需要在开园的瞬间就冲进去排队。为了高效地玩到所有热门游乐项目,我需要争先恐后地穿梭在广阔的园区里,尽量排到最早的位置(苦笑)。

我不喜欢人多的地方,更讨厌那种你争我抢、充斥着个人主义的竞争氛围。长时间等待热门游乐项目也不是我的强项。总之,去主题乐园玩,就意味着要一直克制自己的情绪,很容易变得不开心。其实，心情不佳通常是因为我们一直在克制自己。而一旦心情变得不悦，就更容易与妻子争吵。"这种地方不适合带小孩来。""我跑着去领快速通行证已经够辛苦了，别再抱怨晚了。"总之，以前的我对主题乐园完全没有好感。

然！而！自从我开始捡垃圾，我的主题乐园体验就发生了翻天覆地的变化（笑）。是的！自从我带着垃圾夹和垃圾袋进入园区之后！

那些本来令我感到不舒服的人群，现在变成了为我留下垃圾的"客人"（笑）。即使是在领快速通行证这种竞争氛围中，一旦我开始捡垃圾，心情就会迅速平静下来。漫长的排队时间也变成了我独自在园区内捡垃圾的美好时光。♪可以说，没有捡垃圾，就没有我在迪士尼的美好体验！（笑）

通常情况下，在街边捡到的烟头数量最多。但在迪士尼乐园和迪士尼海洋则完全不同，爆米花取得了压倒性的胜利。我用垃圾夹将掉在地上的爆米花一个一个夹起来，并放进垃圾袋里，迪士尼因我而变得更加干净。

在这个过程中，常常有把我当成工作人员的游客。不时就会有人问我："可以扔垃圾吗？"说着把垃圾递给我。还有很多游客会向我问路。有次我无意间穿了件米黄色的衣服去迪士尼，结果被频繁误认成真正的清洁员。除了收垃圾和指路，甚至还有让我帮忙拍照的游客。于是我只好暂停手上的行动，帮他们拍了照片（笑）。

据说迪士尼的职位竞争很激烈，应聘者的数量一直在增多，没想到通过捡垃圾，我也轻松体验了一番。♪捡垃圾不仅令人心情愉快，还能让人充当摄影师和向导为他人提供帮助——虽然没有报酬，还要支付最少7000日元的入场费（笑）。

曾经那些不那么愉快的迪士尼之行，就这样变成了美好的经历。

◆ 捡垃圾让内心更丰盈，不再强调自我♪

主题乐园很容易让人进入"竞争模式"。开园前要早早地在大门口排队，热门的游乐项目前要排队，领快速通行证要抓紧时间，观看花车巡游也要提前占位……而竞争会激发人的个人主义，希望所有事情都按照自己所想般发展，也就是所谓的"自我"。

当人陷入个人主义或竞争心态时，内心就不再平静，会开始计算得失。例如，"明明我在前面，插什么队啊"之类。哪怕员工已经在尽力维持秩序,也只会觉得"太慢了,能不能快点"。

捡垃圾是个人主义的对立面,它只需要捡起落在地上的垃圾。在那个时刻,"自我"几乎完全消失,人会进入"随缘模式",内心也会更加丰盈。

我不必与任何人争抢垃圾,只需哼着《阿拉丁》的主题曲《全新世界》,淡然捡起眼前的垃圾,朝着有垃圾的方向前进即可。这令我变得充实与满足,很容易感受到快乐与幸福。

我常用高速公路做类比。想象一下在单向三车道的高速公路上,有辆车正从超车道上飞驰而过。这辆车的目标是尽早到达目的地,所以司机的心思并不在此刻,而在未来。他也许正烦恼着"快赶不上开会了",并因此无法享受当下。

相反,行驶在最左侧车道[1]的车辆可以将车速设定为 80 公里 / 时的恒速状态,司机就能轻轻地松开油门踏板,尽情地欣赏风景或与人交谈。我认为这才是真正的"享受当下,活在当下"。恰如顺应河水的流动一般,他们顺应着交通的节奏。

42 岁以前,我一直追求成为传奇的企业家,每天都过得匆匆忙忙,因此我深切理解那些在超车道疾驰的人。然而,这种生活尽管充实,我却对判断自己是否真的在享受生活都没有自

---

[1] 日本的车辆靠左行驶,慢车道在左侧。——除特殊标注,本书脚注均为译者注

信。毕竟，我几乎没有与二女儿一起玩耍的记忆（苦笑）。在开始捡垃圾之后，我学会了从容地行驶在慢车道上。说实话，我不知道这是不是最好的生活，但它一定是最幸福的。♪

正如序言中所述，在最右侧的超车道上疾驰是一种追求效率的物质至上主义；而在慢车道上从容地恒定行驶，享受当下的生活，则是在追求精神层面上的成效。这种生活虽然少了点儿刺激，却能让人获得宁静的满足感。我并非否定物质主义的生活方式，它充满了刺激、速度和悬念，很容易让人获得充实感和成就感。在漫长的人生中，有这样一段沉浸在物质主义中的体验也蛮珍贵。

又或者，人们可以一边享受当下，一边在某些关键时刻华丽转身去追求物质，这也是一种精彩的生活方式。我自认为是一个精通物质世界和精神世界的全能选手，可以在这两者之间自如地切换（笑）。

物质至上的生活方式会更倾向于重视自我与得失。因为始终不满足于现状，所以往往会滋生"缺乏心态"和"竞争心态"，只关注自己所缺少的，追求在与他人的竞争中获胜。但这恰恰也是动力的重要源泉，对现状的不满会推动自身的不断成长。

另外，追求享受生活的精神主义则更倾向于"随缘"，而不是强调自我。因为满足于自己当前的状态，内心也会变得丰盈。不过在竞争激烈的现代社会中，这种生活方式可能会遭到不少人质疑。与追求成长相比，这更像是一种享受自我表达的生活方式。我推荐大家同时去尝试并享受这两种不同的生活，只要能从中获得满足和快乐，压力就会大大减少。♪

◆ 减少焦虑会接连出现奇迹

我非常喜欢的作家小林正观曾提出过这样一个等式——强调自我 + 顺其自然 = 100%。意思是，当你过分强调自我到 100% 的程度时，就没有了顺其自然的余地。而当你不再那么强调自我，顺其自然的比重就会增加。我认为这个等式在某种程度上参透了人生的真谛。

自我，即按照自己的意愿或期望去生活。但按照期望生活，几乎无法获得超越期望的感动。实现期望你会感到满足，没有实现期望则会感到不满。除非出现意想不到的奇迹，否则人生将很难拥有感动的瞬间。

然而，如果放下那些期望，选择放手，以顺其自然的态度生活，所有的一切都将超出期望。这样一来，人生中发生的所有事情将全是接连不断的奇迹。

　　捡垃圾就是一个令人不再如此强调自我的方式。它会减少自我的比重，使生活更加顺其自然。于是，巧合——有意义的偶然——就会发生，偶然的奇迹就会不经意间绽放光芒，人生就会变得快乐起来。

　　舍弃自我中的"我"，用感恩中的"恩"来生活。虽然不知为何，但这样的人生总有美好的事情不断降临。捡垃圾减弱了个人主义，减少了烦恼，令心情变得更加愉悦，一切都仿佛是魔法般的奇迹。而这，就是最美好的人生。♪

捡垃圾让心态更积极♪

◆ 需要的东西会在恰当的时间来到你身边

有时我会在心里大喊"啊哦",这是我的一个口头禅(笑)。比如,捡垃圾时不小心捡到了粪便,我就会在心里喊"啊哦"。不知为何,从 22 岁开始,我总是会在某些时刻情不自禁地说出"啊哦"。自那以后,只要遇到消极的事情,我都会发出"啊哦"这个听起来既不积极也不消极的中性感叹词(笑)。

如果垃圾夹上沾上了粪便,我会告诉自己这是"走运"。不过那股味道总归是不好闻的,所以我一般会选择在附近清洗。如果有水坑就往水里涮一涮,然后再用之前捡到的纸巾或纸质垃圾擦拭一下,夹子就会变得干净。不可思议的是,我发现每当我捡垃圾的时候,我所需要的东西总会在恰当的时机出现在我的身边。例如,眼看着还有很多垃圾要捡,垃圾袋却已经被装满了,而我又恰巧忘记带备用垃圾袋。在这种左右为难的时刻,有 80% 的概率会在路边捡到塑料袋。

"塑料袋啊,你是为我出现的吗?!" 看到塑料袋的这一瞬间,我会产生一种超乎期待的感动。♪ 它们不再是被丢弃的垃圾,而被重新赋予了生命,这令我十分满足。如果是剩下那 20% 的概率没有发现塑料袋,我也会坦然地放弃——可能是那些垃圾不需要马上被清理。

还有一次,那是一个寒冷的冬日,正在捡垃圾的我因为寒冷止不住地流鼻涕,但我没带纸巾。就在这时,我不知怎的觉得应该去那边的电器店看看,于是一边捡垃圾一边走向电器店。走着走着,我就在电器店的停车场里发现了一小包没打开的餐巾纸。这真算得上是一个小小的奇迹。真正需要的东西总会在适当的时候出现——捡垃圾让我每天都能亲身感受到这句话的魔力。而相信自己需要的东西会出现,这种积极的思维方式也是内心丰盈的一种表现。

◆ 积极看待问题的"幸福脑"

我有一个身份是在经营管理的研讨会上担任讲师,所以经常会用到酒店的会议室。

有一天,在某家高级酒店的会场里,我不小心将咖啡洒在了桌子上,严格来说是咖啡味的水(笑)。由于我对咖啡因比较敏感,所以经常会将20毫升的咖啡混合在200毫升的水里喝。这杯水咖啡被我大手一翻,倒在酒店纯白的桌布上,几乎倾倒一空(苦笑)。这时,会场一位女性工作人员飞快地走过来关切地问道："没事吧？我们会马上更换。"我立刻说："没事的，咖啡的香气很好闻。等它干了以后，一定会一直散发着咖啡的香味，让人感到莫名的幸福。♪"听到这话，她尴尬地笑了笑，然后快速撤走了洒满咖啡味香水的桌布（笑）。

一位企业家同行曾问我："你看待问题究竟能积极到什么程度？"——也不知道他说这句话是赞美还是无语。其实这就是幸福脑的构造，幸福取决于我们如何看待发生的事情。

有一次，我在特急电车上看到一个4岁的孩子在吃巧克力，桌子被他弄得很脏，我内心不禁大喊"啊哦"。平时我总是会把捡垃圾时捡到的湿巾放在零钱袋里随身带着，但那次碰巧身边只有手帕，于是我只好用手帕擦了擦桌子。但在擦的过程中我突然想："今天一整天我都可以闻到手帕上散发出的巧克力余香了。♪"这个想法让我立刻快乐起来。之后，那一整天我都被巧克力的香味所包围，度过了美味的一天。

◆ "脚臭社长"和"大便社长"

出于工作原因，我经常会去高级料亭吃饭。

有一次，公司咨询业务部的客户特意来群马县太田市参观，我就在家附近的一家高级料亭请他们吃饭，当时我选择了人均1万日元的最贵的套餐。

从我家徒步去料亭大约有333米的路程，我仍一如往常地边走边捡垃圾。那时是晚上6点半左右，灯光已经有些昏暗，但我仍毫不在意地捡起垃圾，然后扔进我的第一个粉色拿铁（pink-latte）垃圾袋（我很喜欢这个小众设计品牌的垃圾袋，买了3次）里。途中我还经过了一家名为"稻叶园"的茶叶批发公司，在公司旁边一条没有路灯的昏暗小巷里捡起了一个很沉的塑料袋。到了料亭，我把夹子和垃圾袋放在榻榻米的座位下面。不出所料，大家开始兴致勃勃地聊起了捡垃圾的话题。

"您经常捡垃圾吗？真是太了不起了。社长都亲自捡垃圾，我们公司也该效仿一下……"看来即使是在物质主义世界里，捡垃圾也能受到人们的尊重。

酒过三巡，我突然察觉到异样："怎么有股臭味？"不知从哪儿传来一股脚臭味。我确信那绝对是脚臭味，公司里的员工大多是宅男，在与他们的聚餐中我已经多次嗅到过这个味道（笑）。所以结论就是，脚臭！我马上跑去洗手间检查，确认自己的脚并没有发出异味。于是我自认为找到了罪魁祸首："是客人的脚！"虽然非常失礼，但我断定坐在我面前那位风度翩翩的 50 多岁的男社长就是"脚臭社长"（笑）。吃饭的时候，这股味道一直萦绕在席间，这顿人均 1 万日元的怀石料理也被毁了（苦笑）。

酒足饭饱之后，微醺的我们在互相告别。我一如既往地边捡垃圾边走回家，然后在我家车库里的简易垃圾站旁进行垃圾分类。突然，那个在稻叶园公司附近捡的塑料袋竟然散发出熟悉的臭味！我打开灯，居然是被人用过的尿布！而且还是大号的！！！

"啊哦！"

那位优雅的社长先生，真是抱歉把您称为"脚臭社长"。我才是真正的"大便社长"……

后来，这个故事成了我在聚会上的必讲段子。虽然在我的捡垃圾生涯里发生过许多有趣的故事，但这一个绝对堪称经典中的经典（笑）。

◆ 分离事件与解释，就能创造出属于自己的事实

一般来说，垃圾给人的印象总是负面的。但如果连垃圾这

种乍看上去负面的事物你也能以积极的心态去看待，那么到关键时刻，面对困境就能更加积极。那么，如何才能拥有更积极的心态呢？首先，我们需要认识到，所有事情在本质上都是中立的。例如，垃圾夹沾上了粪便，许多人都会下意识地觉得"坏了"，这是一种下意识的反应。

然而，如果你能从内心深处意识到所有事情本身都是中立的，就不会下意识地评价垃圾夹沾上粪便这件事了，因为它只是一个中立事件。然后，你会根据自己的方式来解释这一事件。这件事教会了我什么呢？当你开始将其视为一种经验，你就能学会积极地看待它。

"原来会沾到粪便啊，我又掌握了一个新的捡垃圾技巧，今后不会再捡粪便了""这个小插曲又给我的新书提供了素材""正是因为夹子上沾上了粪便，我才更深刻地体会到捡到的纸巾有多珍贵。今后我更要怀着感恩的心"……

读到这里，你也许会发现我在之前的文字中几乎没有使用过"负面的事情"或"问题"这样的表述。我会有意识地将事件与解释分开，例如，"乍看上去是负面的事情""乍看上去是问题"，等等。如果你能自然地将这两者分开，就可以创造出属于自己的事实，创造出一个让自己快乐的世界。

◆ 人类最伟大的能力是什么？

拥有幸福脑的人其实非常天真和单纯。人生最终由什么构成呢？研究幸福12年后，我得出一个结论：人生由美丽的误解构成。也就是说，一切都是人的自以为。如果你认为自己幸福，那么你就会感到幸福；如果你认为自己眼睛小，学习不好，驼背，没有朋友，被父母嫌弃，那么你就会感到不幸。所以如果你想变得幸福，就要坚信自己会幸福。

正因如此，我意识到了什么是人类最伟大的能力。曾经我以为是战胜自我的能力，也就是所谓的"自制力"。例如，即使感到困倦也坚持完成作业，即使想偷懒也要求自己继续工作。这是一种十分可贵的品质，而且如果你能发挥好这种战胜自我的能力，就能养成许多习惯。一旦形成习惯，不论是在学习上还是在工作中，都更容易获得成功。特别是在工作中，比起才华，更重要的是努力。在这个世界中，比起天才，努力的人更容易获胜；比起曾用天才方法让客户满意的人，能让客户长期满意的人更容易获胜。我们公司一直秉持着"努力就是胜利"的理念，对于"保持习惯"拥有着超乎寻常的执着与毅力，而这也是我们能够连续13个财年实现增收增益的最大原因。

如果你想成为某种人或是想实现某种目标，这种战胜自我的能力会发挥强大的作用。对于那些渴望实现自我的人来说，自制力几乎更是必备条件。如果你100%确信"幸福就是自我实现"，那么不懈地磨炼自己的自制力会让你更接近所谓的成功。

◆ "自制"和"自我肯定"

正如前文所述，幸福有两个向量（方向）。一个是努力想要达成某种目标的向量——战胜自我、实现自我；而另一个是自我肯定的向量——满足于自我，满足并享受自身所处的环境，坚信"我就是我，我很好"。

如今的社会是金字塔型社会，是充满比较的社会。在学校时我们比较分数、偏差值和学历；进入社会后我们比较收入、职位、销售额和利润；随着年龄的增长，我们又会开始比较疾病的有无、遗产的多寡、子孙的成就等等。比较伴随我们的一生。

如果想在这样的社会中获得幸福，有可能的解决办法之一就是发挥自己的自制力，坚持不懈，努力奋斗，朝着金字塔的顶端前进。获得高学历、进大企业、担任高级职位、跻身行业第一名等，这些都是可以追求的目标。正如我自己，在这个金字塔型社会中,我也是那些不懈努力、朝着行业顶峰迈进的人中的一员。

然而,在迷上捡垃圾之后,我有了更多自问自答的机会。突然间,我产生了这样一种想法:"这样下去真的好吗?我真的应该一辈子活跃于一线,将我的公司发展壮大,努力成为一个传奇的企业家吗?这样的人生幸福吗?我有没有忘记欣赏脚下美丽的花朵?我是否在自己创造的牢笼中挣扎?"我获得了成就感,也确实感到充实。但,总感觉哪里不对。

这其实就是"自我肯定"的向量出现了平衡问题。更加努力的背后是持续性的自我否定,不满足于现状,想要追求更高更远的目标。

然而,这就像追逐沙漠中的海市蜃楼,永远也无法到达终点。因为做出了一点成绩,许多企业的经营者和高层都来参观我们的公司,参加我们的研讨会。数百家企业在了解我们之后感到失败与沮丧,他们说:"普里马维拉是一家了不起的公司,吉川充秀是一位了不起的企业家。"他们震惊于公司的经营系统化水平,说:"相比之下我们差远了。"而我在看到更优秀的公司时,也会感到同样的失败与沮丧。

过去,每当听见其他公司的经营者说输给了普里马维拉,我都会十分自豪。毕竟这是我亲手创立的企业，数年来我不顾家庭，每月投入 400 小时拼命工作。然而不幸的是，在金字塔型社会中，永远有人比你更强。

普里马维拉的年营业额达到 47 亿日元，经营的店铺在本地也多少有些知名度。但对于上市企业而言，这种水平的营业额根本不值一提。从企业是否盈利的指标——经常性净利润率来看，普里马维拉超过了 10% 的企业，勉强跻身高收益企业行列中，但还有很多企业远远超过这一数字。普里马维拉每名正式员工的年收入在零售行业的中小企业中确实处于较高水平，但与已上市的优秀企业，根本无法相提并论。

◆ 有高远的目标很棒，满足于捡起脚下的垃圾也很棒

也就是说，在金字塔型社会中，无论我们如何努力经营自己的公司，无论获得怎样的成就，只要把比较当标尺，我们眼里看到的终将是不足，而我们的一生就是在填补这些不足。当然，一名优秀的企业家应该为了员工努力经营企业。我由衷尊敬这样的企业家，也曾想过一辈子都过这样的生活，甚至想过在员

工们的感激中走完一生。

然而,捡垃圾让我发现了一个不一样的世界。原来既有光鲜亮丽的海市蜃楼般的幸福,也有如孩子先生乐队在《无名诗》中所唱到的"落在脚边的幸福"。捡垃圾就是后者。以前我也曾向往与模特交往,将公司总部设立在东京的摩天大厦中,并以此为动力而努力奋斗,那种感觉也不错。但我没想到的是,原来捡起脚下的垃圾也能让人感受到一种难以言喻的满足感。这就是"自我肯定"的向量。我会想:"啊,原来还能这么生活。我享受着捡垃圾,与垃圾交流,并从中感受幸福。"

现在,我仍时常会为金字塔型社会中光彩夺目的世界心动。所以,我心中仍然存在"努力"的向量。身为一个企业家或者说组织中的领导者,如果连这个向量都没有了,还是辞职算了,毕竟由此带来的业绩下滑会给员工们带来不安。对企业而言,满足现状即标志着衰退的开始,因为进步由此停止。

◆ 将努力和享受合二为一的魔法咒语——伦巴式努力

由此我得出了一个结论:工作处在一个努力追求结果的世

界，而捡垃圾处于一个让人不禁哼歌享受当下的世界。那么，"努力"与"满足和享受当下"这两种态度能否合二为一呢？于是，就有了这个词——"伦巴式努力"[1]。

人的确要努力学习、努力工作，但如果只是一味地努力，为未来牺牲当下，最终可能会导致生理或心理上的崩溃。所以，在"努力"的前面用"伦巴"这一轻松的词来表达享受此刻的心情，意思是享受努力和工作的过程。这个"咒语"是公司一个叫岛津的兼职员工发明的，随后被他的同事川田智用在了公司日报中。岛津已经离职，但这个词给我带来了很大的冲击："原来如此，工作就是要伦巴式地努力。"自那之后，"伦巴式努力"成了我们公司员工的口头禅，工作氛围也更加注重在努力的同时学会享受。♪从结果来看，目前公司正式员工的离职率能够保持在每年平均1%以下。

如果有人在金字塔型社会中感到痛苦，我想对他们说：没关系，不用那么痛苦，试着改变一下你的思维方式吧。努力很重要，但随着伦巴舞的节奏享受当下也很重要。享受努力的过程才是最棒的。♪

---

1 原文为"がんばるんば"，"がんばる"（努力）的最后一个假名恰好是"るんば"（伦巴）的第一个假名。意为像跳伦巴那样游刃有余地努力。

多亏养成了捡垃圾的习惯,我才能意识到这些道理,从而遏制住自己因过于追求填补不足而疯狂冲刺的生活。捡垃圾能够让人学会不再关注负面的部分,从积极的角度去看待很多事情,无论是垃圾、生活还是工作。♪

○ 公司日报中的"伦巴式努力"表情包

松本 知洋 2022/10/27 (四) 15:50
伦巴式努力!

津久井 丰 2022/10/27 (四) 18:18
辛苦啦

根岸 直生 2022/10/28 (五) 10:49
伦巴式努力!

栗田 玲捺 2022/10/28 (五) 17:17
原来如此

南 飞鸟 2022/10/29 (六) 12:10
伦巴式努力!

——— New!! ———

原口 大辉 @はらぐちだいき 2022/10/27 (四) 13:33
已关注　整骨院事业部 702太田市身体护理针灸整骨院　正社员3G

•

大家辛苦了。
我们从早上就开始为环境维护检查做准备，但还是很可惜，只得了115分。
据说是因为屋檐下发现了蜘蛛。

下次要用"伦巴式努力"争取拿满分。

整骨院事业部 702太田市身体护理针灸整骨院 原口 大辉

捡垃圾让你学会享受过程 ♪

◆ "散步式捡垃圾"是最好的健康习惯

有段时间,日本十分流行在路上玩《宝可梦 GO》。边玩游戏边涨步数有益于身体健康。这是一个很棒的习惯养成方法,但实际上,还有一种不需要手机却兼具《宝可梦 GO》的优点的习惯,那就是捡垃圾。

当我还是个干劲十足的企业家时,我也是一个完完全全的养生达人。

一听说什么食物有益于健康,我便会抱着试试看的心态购买和拿自己做试验,包括哈佛健康饮食指南推荐的黄油咖啡、我很喜欢的堀江贵文先生推荐的 NMN 膳食营养补充剂等等。听说裸食对身体好,我还斥巨资购入了不会破坏酶的低速榨汁机,每天早上喝一杯果汁。

养生达人当然也得运动。一听说每周最好进行 3 次有氧运动,我就开始慢跑,甚至买了跑步机,这样下雨也能跑,还将电脑用胶带固定在了跑步机上,方便我查看员工的日报。每天早上四点半,我会在坡度为 5 的斜坡上,以每小时 6.5 公里的速度一边浏览员工的日报一边快走 40 分钟。每周 5 次,我坚持了大约 3 年。

"健身其实是在培养坚持的能力"——在一本书中读到这个观点后,我立马前往东京拜访书中提到的著名教练吉川老师,并开始执行吉川式健身计划。后来我甚至在公司内设立了员工专用的健身房,并聘请了私人教练,自己坚持每周健身1~2次,持续了2年。

株式会社武藏野每年都会在福岛县新白河的XIV酒店举办一次经营计划书制订研修营,地点选在山里,为期5天。我当时用我的爱车丰田埃尔法将自家的健身车运过来,安装在研修会场的走廊上,坚持骑了5天。据说迄今为止有750个社长参加过武藏野的集训,但像我这么重视健康的还是头一个(苦笑)。我甚至还从企业家朋友那儿收获了"吉川为了健康愿意死"这样难以理解的赞美之词(苦笑)。

保持健康的体魄最终归结于饮食和运动。我曾进行过各种试验来寻找最适合自己体质的养生习惯,而我这个超级养生狂的饮食习惯很简单,就是和自己的身体对话,只吃真正想吃的,只吃身体需要的。运动习惯也很简单,就是捡垃圾。

就我个人而言,我很难只走路或只运动,我需要一边运动一边干点别的事情才能坚持下去。即便如此,仍有一项运动习惯令我坚持了8年,那就是"散步式捡垃圾"。一般来说,健身和慢跑这类运动都需要耐力、竭尽全力和停止懒惰，而边捡垃圾边散步则不需要任何努力或意志力。只需要随意地走到户外，一边捡垃圾一边走就行了。我能够坚持仅仅是因为这样做让我心情愉快，但同时它也为我提供了适当的运动量，有利于健康。

◆ 我的爱车是一辆二手妈妈电动助力车♪

在一次于东京举办的企业家研讨会上，我作为受邀嘉宾上台发言。为了这次研讨会，我准备了主题为"捡垃圾 × 经营"的 PPT，希望能为企业经营者提供一些帮助。因为现场没有人认识我，所以我上场之后，会场变得异常安静。主持人开始介绍：

> 株式会社普里马维拉的社长吉川充秀先生，不仅经营着一家年销售额高达 40 亿日元、经常利润 4 亿日元的高收益企业，同时还将捡垃圾作为其终生的事业。此外，在汽车拥有率全国第一的群马县，他放弃使用汽车，目前最爱的交通工具是一辆二手的妈妈电动助力车[1]……

---

[1] 指专为母亲设计的电动助力自行车，通常前面有一个篮子方便购物，后面可以安装孩子坐的安全座椅。

顿时，刚才的紧张氛围消散不见，取而代之的是一阵笑声（笑）。

接着，我分享了一些关于捡垃圾的有趣片段以及一些对人生有帮助的故事。没想到，在我过去参加过的100多场研讨会中，这场的反响最为强烈（笑）。

其实，主持人提到的妈妈电动助力车也是我的一个健康习惯。疫情暴发后，出行的机会减少，于是我将心爱的丰田埃尔法低价卖给了员工。目前，我的交通方式主要是步行、骑自行车和乘公共交通。需要开车时，我要么借用妻子的车，要么骑7分钟的自行车到租车公司租一辆。骑普通的自行车还是有些麻烦，于是我折中选择了电动车。我认识的很多企业家都开奔驰、宝马或雷克萨斯等名牌汽车。如果有人问我："吉川先生，您的座驾是什么？"我会自豪地说："是一辆二手的松下电动车。"（笑）这辆电动车原本是我母亲的，她曾骑这辆车发生过两次交通事故。也许会有人认为这辆车很晦气，但对我来说，因为它速度不快，母亲也伤得不重，这辆车是母亲的恩人，是一辆传奇的"救世主电动车"。这也是一种积极的人生态度吧。♪

这辆自行车前后有两个大篮子。后面的篮子有一个洞，恰好能将垃圾夹插进去固定住，就好像从身后长了一条尾巴。所以，当我骑着这辆绿色的电动车出门时，别人一眼就能认出是我（笑）。是的，我喜欢骑电动车进行"微骑行式捡垃圾"。

◆ 什么是"微骑行式捡垃圾"？

2017 年，我极度沉迷于捡垃圾，开始思考能否一边骑自行车一边捡垃圾。当时我想出了一个方法，在自行车前面的篮子里放上一个垃圾袋，然后一只手拿着垃圾夹，沿路边骑行的同时捡垃圾。然而，这种方式极具挑战性：每次发现垃圾后，我就得停下来用夹子捡起垃圾，再放进前面的篮子里。身子右侧的垃圾相对还比较容易，左侧的垃圾则需要用极不自然的姿势去拾取。此外，将长长的垃圾夹放在篮子里，地面稍微有点儿不平，夹子就可能掉下来。风大的话，捡起的垃圾还可能从前面的篮子里飞走，总之试验结果非常不理想。后来我也曾尝试用滑板来代替自行车，但左侧垃圾的问题以及垃圾袋在风中飞扬的问题仍然得不到解决。

最后，我发明了"微骑行式捡垃圾"。值得强调的是，这是一个微型活动。骑自行车时经常会等红灯，但我习惯在等红灯时做点什么，我会把自行车停好，然后开始在十字路口附近捡垃圾。等待时间通常有 50 秒左右，这对我来说很舒适。在十字路口附近捡垃圾与平时捡垃圾也没有什么不同，所以可以放松身心地捡个 50 秒。如果垃圾太多，我甚至会在红灯变绿后继续捡，一直捡到下一个绿灯，再下一个绿灯，有时甚至会超过 5 分钟。

我想要表达的是，没有必要为了捡垃圾而勉强自己和牺牲自己。捡垃圾的目的是让自己开心和快乐，所以不要让捡垃圾成为痛苦和压力的来源。我从来不会在雨天打着伞去捡垃圾，左手撑伞再拿着垃圾袋，右手拿着夹子去捡垃圾，听上去就很累吧。

◆ 不提倡"捡垃圾之道"的理由

我很佩服捡垃圾和打扫卫生的人，他们之中有许多值得尊敬的人。他们会研究"捡垃圾之道"或"清洁之道"，认为捡垃圾能锻炼心灵，打扫卫生能磨炼意志。不论是柔道、空手道、茶道、书道还是清洁之道，所有的"道"追求的终极目标都殊途同归，即成为一个高尚的人，也就是所谓"精神上的修养"。

但当你们听到这些词的时候有什么感受呢？从这些话语中传递出来的能量和冲击给人哪种印象？在我看来，这似乎传递出了一种十分沉重和压抑的氛围。以"捡垃圾之道"为例，这个词似乎是在强调捡垃圾能让你学会忍耐和强迫自己做该做的事。这种行为高尚但很沉重，会让我不禁觉得，追求道就是要否定现在的自己，成为另一个理想的存在。

我从来没有想过把捡垃圾这一行为升华成"捡垃圾之道"，因为在我看来，捡垃圾只是为了放松自己。如果你在读完这本书之后尝试了捡垃圾，但觉得没意思，那我建议你立即停止。因为这取决于个人的适应度，如果你觉得捡垃圾可以让你心情愉快，那就继续，否则就停下来。

也就是说，我提倡捡垃圾并不是为了修身养性，只是为了享受生活。捡垃圾可以让原本无聊的步行时间变得有趣，让人学会享受过程。如果将捡垃圾看作一场游戏，无聊的等红灯时间就变成了赚游戏积分的时间，带着这种轻松的心情去享受捡垃圾的时光吧。

◆ 越"高尚"的人越容易痛苦

渡边裕之是一位我非常喜欢的演员。有一次，我偶然发现群马电视台在重播晨间剧《爱的风暴》，女主角藤谷美纪我也很喜欢，所以一度沉迷其中。群马电视台经常转播县议会，导致电视剧总是延后播放。但剧情实在太有趣了，所以我等不及地在网上租了全集影片，一个人备好手帕躲在家里的影音室里追剧。怕被人打扰，我还把影音室锁上了（笑）。剧中，渡边裕之扮演藤谷美纪的父亲，他在剧里的绅士形象让我更加心甘情愿地成为他的粉丝。

后来有一次，我去纽约考察时结识了一位时尚行业的优秀女性企业家，在看到我在纽约拿着夹子捡垃圾后，她对我说："吉川先生，我和渡边裕之是一起打高尔夫的好友，我可以介绍你们认识。下次我们去神奈川县和渡边裕之一起捡垃圾吧。"

我曾在脸书上看到渡边裕之发文说自己一直在捡垃圾，他称之为"捡梦"，这让我备受感动。所以我一度十分期待与这位女性企业家以及渡边裕之先生一起捡垃圾，然后再品尝他妻子原日出子女士烹制的美味味噌汤。但是紧接着疫情暴发，一起捡垃圾的计划也被迫搁置。再后来，我得知渡边裕之先生不幸去世，简直是晴天霹雳……

为了工作，我会逐一阅读周刊杂志以收集信息。渡边裕之先生去世后，我收集并阅读了一些关于他的文章。原来渡边裕之有严重的洁癖，他不仅坚持不懈地捡垃圾，甚至在开车时看到垃圾也会特意停车去捡，或许是他的苛求和完美主义导致他最终陷入了困境吧。

◆ 捡垃圾培养"忽视"的能力

如果在路上看到垃圾，我也会很在意。就在写这篇稿子的今天，我骑自行车去附近的客美多咖啡店，沿途就看到了许多垃圾。虽然我很想把它们清理掉，但最终还是选择了略过。虽然特意停车去捡垃圾是一种牺牲自我的高尚行为，但如此继续下去没有尽头，必须在某个节点当机立断。所以在不方便捡垃圾的时候，我会潇洒地选择忽视："垃圾呀，这次我们没有缘分，有缘的时候我再来捡你吧。"

因为工作需要，我常常会去东京站或新宿站等人流拥挤的车站。我随身带着垃圾夹，所以其实随时都能捡垃圾，但在人流密集的地方我通常不会这样做——会妨碍后面的人。我不想因为捡垃圾干扰他人行进，所以尽管心里很在意地上的垃圾，我仍会潇洒地略过。如果要在车站附近捡垃圾，我会尽量选择在人少的时候，或者离开车站去附近人流量较小的地方，这样在清理垃圾时才能毫无压力。

◆ 从"了不起的人"到"素适的人"

许多人用"了不起"来称赞优秀的人，而在我看来，它是一种不容小觑的怪物。一旦被人夸"了不起"，就会像上瘾般越陷越深。想要被更多的人夸，你不得不扼杀真实的自我，扮演一个充满人格魅力的假人。这时，真正的自我与你所扮演的假我相背离，这是一种十分痛苦的生活方式，也许在某一天，你所扮演的假我就会取代真正的自我。我也曾被员工和其他公司的社长称赞"了不起"，并为此一度努力挣扎创造虚幻的自我，所以我非常理解这一点。

被人称赞"了不起"，于是继续塑造更了不起的自己，最终倍感痛苦。每当看到自己没那么了不起的一面，自我厌恶的情绪就会涌上心头，心情也变得不好。既然如此，为何不试着改变一下自我形象呢？

过去我也曾追求成为一个传奇的企业家，并为此付出了很多努力。但后来我改变了自我形象。如今，我是一个"素适[1]的企业家"。

"素适"蕴含了"保持自然本真"和"适合自己"的含义，意味着"以你的真实本性做适合自己的事情"。改变形象后，我瞬间轻松了不少。这时我才明白，过去追求成为传奇企业家的我一直生活在自己创造的虚幻牢笼里。

做一个了不起的人依赖于他人的评价。相比之下，自己觉得自己了不起即可，甚至自己不觉得了不起也没关系。接受真实放松的自己吧，成为一个"素适"的人。

◆ 没有尽头的"了不起"

心理学家马斯洛的需求层次理论认为，人的需求按从低到高可以划分为五个层次。

第一层次的需求是活下去。在这一需求得到满足后，人们开始渴望安全（第二层次）。当安全得到保障，人们开始追求归属感，渴望与周围的人保持共性（第三层次）。当这一层次

---

[1] "素适"（素適）为作者造词，来源于日语"素敵"（意为好的、有魅力的），作者将"敵"换成了同音字"適"。

的需求也得到满足后，人们会进一步寻求认同，希望自己与众不同，获得他人的称赞与尊重（第四层次）。我曾一度执着于这一层次的需求，即使被人称赞"了不起"，我也希望能更了不起一点、得到更了不起的人的认可，这种需求没有止境。当然，我现在仍有这种需求，但我已不像过去那样被困扰了。因为我开始明白，如果将这种需求置于生活的核心，就会深陷被他人评价的牢笼，成为真正的"囚徒"。

当认可的需求也得到满足之后，人们就进入了第五层次的自我实现需求——成为自己想成为的人。用我的话再解释一遍：无论他人如何评价，都要成为自己想成为的人。由此，人们开始从以他人为中心转向以自我为中心。我认为处于这一层次需求的人才是真正"素适"的人。第四层次的认同需求可以用"了不起"来形容，而第五层次的自我实现需求应该用"素适"来形容。

◆ 如何进入"素适"的世界

我并不是在否定寻求认同的生活方式。相反，我认为如果不在一定程度上追求"了不起"，就很难真正进入"自我实现的世界"。假设有一个孩子从小就过着宁静的生活，他相信"我就是我，我很好"，那么其实从他出生时他就已经实现了自我，成了自己想成为的人。然而，当他进入社会，他会发现自己的方方面面都在被比较。从学习成绩到跑步速度，无处不在的比较动摇了他的自我认知，他开始怀疑自己。当然，我并不是在批判社会，只是在向读者说明是社会结构导致了这种现象。

那么，如何在金字塔型社会中做到自我认同呢？我想到了一个折中的方法。首先，你需要拥有一项被认为了不起的特长，不论是工作还是兴趣爱好。拍视频也好，捡垃圾也好，一项就够。它可以提升他人对你的评价，让你进入"了不起"的世界。体验过"了不起"的世界以后，你就能更容易进入自我实现的"素适"世界。那是一个能够真正展现自我的世界，在那里，你不再关注自己是不是"了不起"。

◆ 享受过程的表达自我的世界

在金字塔型社会中，如果你想过上幸福的生活，就选一项特长将其做到最好，做到无可挑剔。这样你就能不再受外界干扰，能在竞争激烈的社会中与外界评价保持一定的距离。这是我所倡导的进入"素适"世界的入口。

也许很多人会想"我没有什么可以做到第一的特长",但其实即使是捡垃圾也有第一。你可以在你所在的城市里做捡垃圾的第一名,在群马县太田市八幡町的公园里做捡垃圾的第一名。捡垃圾是个简单的行为,每个人都可以做。♪或许你还可以尝试每天捡 16 个小时的垃圾。如果是在垃圾很多的地方,我想一天可以捡大约 1 万件垃圾。我个人的最高纪录是一天捡了约 3000 件,所以 1 万件非常了不起,说不定还可以打破捡垃圾的吉尼斯世界纪录。就算吉尼斯不认可这项纪录,你也能在心里默认:"我就是世界上一天之中捡最多垃圾的人!"

"了不起"需要成果支撑。不论是运动、做生意还是自我形象,都需要有可衡量的成果。所以我们需要关注成果,需要通过成为某个领域的第一来培养"我很了不起"的自信,然后才能进入享受过程的世界实现自我。这个世界中没有竞争,所有人都可以自由地表达。与其说是"实现自我"的世界,也许称之为"表达自我"的世界更加贴切。想捡垃圾就去捡,想写一本关于捡垃圾的书就去写,工作也可以成为一种自我表达。书的销量?业绩?虽然这些也很重要,但更重要的是你从内心深处认同自己,写出自己想要表达的内容。一旦你的目标变成"自我表达",生活就会像被施了魔法般有趣。

捡垃圾是一种更注重过程而非结果的行为，它会帮你学会享受过程。同时，因为你想去捡垃圾而去捡，所以这也是一个"自我实现"和"自我表达"的世界。在这个魔法世界，你可以发自内心地享受过程。♪

捡垃圾
会自然而然地
出现音符♪

◆ 我的文章里为什么有那么多音符？

第一次看我的文章的人可能会不太适应，因为有很多"♪"（笑）。其实，这背后藏着一个深刻又轻松的原因。♪

在公司内部，我们会用聊天软件 Chatwork 和自主研发的日报软件"日报革命"来进行频繁的文字沟通。特别是新冠肺炎疫情暴发之后，大家面对面交流的机会减少了，我们在沟通上更多地依赖文字。不过，文字沟通确实容易引发误解。

比如，作为社长，如果我只是简单地回复"知道了"，不加任何表情符号，员工也许就会开始猜测："好冷淡，社长肯定生气了，是不是我做了什么让他不高兴的事情？"这种多余的猜测反而会影响工作效率。

2022 年 1 月，48 岁的我辞去社长一职，退居二线成为名誉会长。这一决定让许多企业家朋友都很惊讶，但我非常享受半退休的生活。♪新社长新井英雄是一个比我能干得多的天才型领导，工作能力比我强 7 亿倍，但他的最大缺点是外表看起来很吓人！如果他一声不吭地盯着你，简直就像是黑社会（苦笑）。有一次看他和别人的聊天记录，我觉得他的回复实在太过冷淡，于是给了他这样的建议："你什么都不做就已经让人很害怕了，在跟员工聊天时，可以试试在每个句子结尾加上音符符号，说不定会减少大家对你的畏惧哦。♪"

新井是一个很愿意接受他人建议的人，立马就照做了，之后与员工的沟通也变得温和亲切不少。

"知道了♪""请继续跟进♪""谢谢♪"，满天的音符飞舞在他与员工的聊天记录里。或许你会问为什么不用表情符号，原因很简单，各自的手机和电脑型号不同，可用的表情符号也会不同，所以我就选择了所有设备都100%能用的"♪"。

即使是初次见面的前辈企业家，我也会在邮件或聊天中加上"♪"。虽然可能会把对方吓一跳，但在这7年间我从未收到任何投诉，所以应该没问题吧（笑）。相反，我觉得这样做更容易在一开始就建立亲近感，使对方更愿意和你交流内心真实的想法。♪

◆ 使用音符的另一个原因

在文字沟通中使用音符，是一个给对方创造心理安全感的最简单的方法，它传达了一种"我没有生气，我心情很好，你可以尽情地说"的信号。因此，我会为了他人在句末加上音符。

○ 新井英雄
　　也开始在聊天中使用音符符号

新井英雄　董事长兼社长

茨城第二家店、下馆分店的重新开张事宜准备完毕！
感谢所有在场的和不在场的同事的帮助。♪ 🐙

除此之外，还有一个很重要的原因。

为了自己。在用电脑写邮件或聊天的时候，加上"♪"让我更放松。你可能觉得难以置信，当我心情不好却不得不工作时，如果有意识地在邮件或聊天中加上音符，我的负面情绪就会慢慢消失，心情随之变得愉快。也就是说，通过使用特定的符号语，我能够调整自己的内心状态。

目前，在某种意义上，我正拼命"伦巴式努力"地写这本关于捡垃圾的书。每天写 3 万字左右，也并不会感到太累。因为写作过程中我会给自己的文章加上"♪"，让心情变得轻松愉快。♪这就是音符的最大功效，建议大家不妨也试试。♪现在很多公司内的员工也会在写日报里使用"♪"，我想这或许是调整自己内心状态最简单的方法。如果我将这一发现写成论文发表的话，说不定还能获诺贝尔和平奖呢。♪

对了，你可能也注意到我还经常使用"（笑）"和"（苦笑）"，这也是有意为之。无论什么话题，一旦用笑声化解，情绪就会升华，笑声有非常强大的力量。我故意在文章中频繁地使用"（笑）"，来驱散自己的负面情绪。有时候我会开玩笑说这是"忍术中的笑声化解之术"（笑）。

◆ 通过哼歌创造情绪

在我朝着传奇企业家努力的时期,每次回到家我都感觉筋疲力尽。在员工面前,我尽量不表露出抱怨、叹息和困意,努力扮演一个了不起的理想的领导者。然而一回到家,我就开始接连叹息。那是积攒了 16 个小时的情绪,会不由自主地从内心深处涌出一连串沉重的深叹。对此,妻子曾多次抱怨:"一回到家你就开始在我面前一个劲儿地叹气,能不能别叹了?"这时我才意识到自己有这样的习惯。因为叹气是无意识的,所以我之前完全没有察觉到。之后我就开始尝试在回家的车程中把要叹的气先叹完,到家就尽量不叹气了(笑)。

此外,我还进一步做了其他尝试——故意在洗澡的时候哼歌。之前每次回到家都疲惫不堪,根本没有哼歌的心情,但想起自己曾在员工培训时自以为是地告诉大家:"情绪不是用来感受的,而是被创造出来的。"于是我开始尝试在洗澡时哼歌,试图为自己创造开心的情绪。没想到心情真的能变轻松,身体也变得轻快。后来我才知道,原来我们体内的细胞最渴望的并不是喜欢的艺术家作品,而是自己的声音。因此,用自己的声音歌唱或哼鸣可以调整疲惫的身体,重振细胞的"交响乐团"。

不过，虽然我因此得到了放松，妻子却又开始抱怨我洗澡时的歌声太吵了（苦笑）。

◆ 捡垃圾会自然而然地哼歌

我在洗澡时哼的歌全都是有意为之，并非自然而然发生的。也就是说，为了让自己心情愉快，我有意识地哼歌。但当我开始捡垃圾后，一切都发生了变化。捡垃圾的时候，我会自然而然地想要唱歌，♪自然而然地就会哼歌，♪音乐就自然而然地从体内涌出来了。♪

大家如果在街上看到边走边唱歌的人，可能会默认这是一个行为古怪的危险人物。以前我也这样认为，见到这样的人会主动避开。但现在，我自己也成了这样的危险人物（苦笑）。我会戴着两只不一样的手套，哼着特别喜欢的歌手财津和夫的《没有邮票的礼物》，一只手拎着粉色拿铁的粉色垃圾袋，一只手握着夹子捡垃圾（苦笑），动作可疑到让人觉得这个人离犯罪只有一步之遥（苦笑）。

在街上边哼歌边捡垃圾时，我偶尔会和附近放学回家的小学生擦肩而过。我一朝他们微笑，这些孩子就会吓得退后30厘米，然后匆匆离去。如果我回头看，就会发现他们还在紧紧盯着我，直至我们的目光交会，他们又会慌慌张张地别过脸离开。看来他们牢牢记住了大人的教诲："在街上看到可疑的人千万不要靠近。"（笑）

在别人看来，我是一个稍显可疑的人。但我只想告诉大家：试试用哼歌来调整自己的情绪吧。即使是在户外，即使没有在捡垃圾，只要感到开心就可以随口哼歌或是跟着音乐的旋律唱歌。我的曲库非常广，从石原裕次郎的《我的人生一片无悔》到城南海的《编织爱》、AKB48 的《365 天的纸飞机》、DISH// 的《猫》、Ado 的《吵死了》等，什么类型的歌我都能哼上几句。但我记不住歌词，所以除了副歌以外的歌词都是"呃呃"。就像搞笑艺人出川哲朗那样把词唱得乱七八糟。♪

◆ 为什么捡垃圾时戴耳机是浪费时间？

可能有人觉得 Ado 的《吵死了》的歌词攻击性很强，让人压抑。这首歌其实是我跟大女儿学的。我家大女儿就像一个移动的有线广播，她在学习的时候会一直重复唱同一首歌。曾经在两个月内，我听她唱了同一首歌 200 次，所以只要是她喜欢的歌，我的耳朵就会自动记住，不知不觉地跟着哼唱。不过，对于像《吵死了》这样沉重的歌词，我会刻意不去共情，不将过多的情绪投入其中，这样可以避免与沉重的旋律产生共振。就我的经验来说，去评判一首歌沉重还是轻松反而更让人心情沉重。

　　捡垃圾时，常常有人问我在听什么。刚开始捡垃圾时，我的时间很紧张，所以会听一些经营管理类的播客节目，或者收听我非常喜欢和尊敬的经营导师——武藏野株式会社社长小山升先生的语音邮件。但是渐渐地，我开始意识到这反而是在浪费宝贵的时间。捡垃圾的本质是"停止思考"，让大脑停止判断，进入一片空白的状态。此时与自己对话，就能迸发出意想不到的灵感。但如果戴着耳机听音乐或接收信息，不断地思考，就会使灵感消失殆尽，而灵感正是捡垃圾能够带来的最大成果。

◆ 创造快乐的三种方法

　　人在哼歌的时候心情是好还是不好？毫无疑问是好的。因为人在不悦的时候不会哼歌。我们通常认为心灵和身体紧密相连，通过改变身体的动作和姿态可以改变心灵的状态。如果你想改变自己的心态，有以下三种方法。第一是改变语言。比如，在邮件或聊天中使用音符，多说"谢谢"。第二是改变身体的动作。挺胸抬头可以让你看起来更自信，哼歌会让人心情愉快。第三是改变周围的环境。例如，将桌面整理得井井有条会让人心灵更敞亮。

作为坚定支持捡垃圾的人，我认为捡垃圾无疑是一个改变心态的最强的方法。♪首先，捡垃圾会自然而然地产生音符，♪这是通过语言来改变内心的状态。其次，捡垃圾需要出门活动。身体的运动会产生能量（行动力），从而改变内心的状态。最后，捡垃圾其实就是在整理自己目所能及的环境，使周围变得干净。

所以试一试边哼歌边捡垃圾吧！你会亲身体验到令人快乐的神奇魔法。♪♬

捡垃圾会让你关注身边的幸福♪

◆ **幸福就在身边** ♪

在职场上，我是个自由人。虽然我家离公司总部只有 333 米，但大约从 10 年前开始，我就不再每天去公司上班了，只有在参加活动和开会等必要的时候才去。之所以做出这个选择，是因为每次去公司，员工总会问我很多问题，"这个怎么处理？""那个应该怎么办？"我的存在反而破坏了员工的自主性。因此我会尽量避免露面，有事就线上问。

如此一来，我的工作地点就变成了家里、咖啡馆、共享办公室、门店附近等任何我喜欢的地方。我待得最多的地方是家里和咖啡馆，特别是家附近的咖啡馆。去那儿的原因只有一个——宁静，在孩子们的欢闹声和哭声中，我真的很难集中精力工作。

有时，我会因为突然想旅行就独自踏上旅程。虽然之后会收到妻子的抱怨"你可真自由啊"，但我毫不在意。我去过很多地方，千叶县的犬吠埼、淡路岛、兵库县的城之崎温泉、新潟市、长野县的松本市、高知县的足摺岬、五岛列岛的福江岛等等。不管我去哪里，通常要么是在工作，要么是在捡垃圾。所以对我来说，出门旅行反而更有助于推进工作（笑）。不仅如此，一个人旅行的时候我也很少吃东西，所以能省出很多精力来更加努力地工作，这样便形成了一个良性循环（笑）。当然，这时我总会带上我的旅行伴侣——垃圾夹。有一次我去长野的善光寺玩，发现参拜的游客已经排成了一条长龙。于是我沿路捡起了游客掉落的垃圾。观光的同时还能为社会做贡献，这为这趟旅程增添了一分愉快，♪和当志愿者是一个道理。♪

旅途中，我几乎整天都在处理工作。工作的主要内容是阅读员工的日报，找出优化公司经营的方法和思路。最理想的时间是上午，因为我的精力最为充沛。工作稍感疲惫之后，我就会去捡垃圾，这对我来说是一种放松，也是转换心情的方式。特别是当我感到创意受阻时，这种方法就显得特别有效，它会让我获得一些出乎意料的灵感。其实人们平时经常挂在嘴边的"转换心情"，本质上就是转换情绪，将不开心的情绪转化为开心的情绪。捡垃圾就是一个最有效的转换情绪的习惯。

在新潟市一家一晚3800日元的商务酒店里，我曾为了制订经营计划书独自闭关了5天。每逢工作上遭遇"瓶颈"时，我就会去新潟的街头散散步，顺便捡上大量垃圾回到酒店，然后在酒店的大浴场泡个澡，神清气爽后再继续工作。如果厌倦了在酒店工作，我会前往附近的咖啡馆，去咖啡馆的路上也是捡垃圾的绝佳时机，然后在淡淡的烟味中继续工作。回酒店时通常已经天黑，但车站附近总是灯火通明，所以路上我会继续捡垃圾，回到酒店之后再继续投入工作。可以说每天就是工作和捡垃圾（爱好）的交替循环。捡垃圾是一种轻量级的运动，因此在捡垃圾后大脑的性能也会提高。

◆ 迄今为止捡过多少钱？

我经常被问的一个问题是："捡垃圾应该能捡到不少钱吧？你捡了这么多垃圾，一共捡过多少钱？"答案是 74333 日元。我捡了 8 年的垃圾，最多的一次捡到 7 万日元。当时我开车去东京涩谷拜访一位做咨询的老师，在二楼停车场发现了这笔钱。考虑到数额较大，我留下了我的地址和联系方式，然后把钱交给了停车场的管理员保管。但之后我没有收到任何消息，也许那位管理员遇上了什么困难而挪用了那笔钱（笑）。不过能把钱送到有需要的人手中就已经很好了。♪

第二多的金额是 3000 日元，是我在家附近的一家居酒屋旁边的小巷里捡到的。我记得当时把这笔钱投进了 711 便利店的募捐箱里。第三名是 1000 日元，同样是在某个路边捡到的。

至于其他的钱，绝大多数都是 1 日元的硬币，而且通常都是被来往车辆碾压过或是被行人踩过的破破烂烂的硬币。就在前天，我在家附近的 2 号县道上还捡到了一枚裹满泥的破烂不堪的 1 日元硬币。

也许有人会说："竟然能捡到 7000 日元，那还挺不错的。"但其实从成本效益的角度来看，捡垃圾绝对是赔本买卖。8 年来，我一共捡了 100 万件垃圾，才捡到了 74333 日元。平均捡一件垃圾的时间是 10 秒，8 年间我花在捡垃圾上的时间约是 2777 小时。74333 日元除以 2777 小时，相当于时薪只有 26 日元（苦笑）。如果你想通过捡垃圾变成富翁，那么请尽早放弃这个幻想（笑）。

◆ 捡垃圾让人从心底关注身边的幸福♪

既然捡垃圾没有实际的经济效益，那捡垃圾的好处究竟是什么呢？我想其中之一就是能够让人更加关注身边的幸福。在捡垃圾之前，我对植物没有任何兴趣。无论春夏秋冬，我只关心工作，最多就是在樱花盛开的季节带着家人去附近的赏樱胜地。我不懂什么享受当下，也不懂赏花。即使眼睛看着樱花，心里也总是在想公司经营的事儿和公司的未来，心思总不在当下。难怪妻子老说我活得太着急。

不过，自从开始捡垃圾以后，一切都发生了变化。捡垃圾的时候总是在留意脚下，所以我收获了许多平时注意不到的新发现，比如走过数百次的２号县道上竟然有花坛。

我一年中最喜欢的时候是９月下旬到１０月，金桂的香气弥漫在整个城市中。我的母校县立太田高中南侧的小路与铁路之间就种着许多金桂。这个地方地势低洼，人们似乎很喜欢往这里丢大件的垃圾，树丛中堆积了大量垃圾。每到这个时候，我都会因为迫不及待地想闻金桂的香气而特地去捡垃圾，真是至高无上的享受。

这种时候，我会自然而然地哼起《花会绽放》（东日本大地震的赈灾歌曲）："花啊，花啊，花会绽放，为了不久将出生的你。"♪自从开始捡垃圾之后，我逐渐明白一个道理，用不着去日本各地、世界各国寻找幸福，幸福就在自己身边。不久前，为了写这本书，我租了一辆车走高速去了栃木县的日光。我本打算像大文豪川端康成那般，在一个温泉旅馆里敲击键盘创作。当实际到达目的地后，我却毫不激动。于是，我再次确信：幸福就在我生活的地方，就在能够捡到垃圾的地方。我发现自己变得满足,再也没有什么想去的地方了。

还有,在捡垃圾之前,为了平复心情,我习惯在房间里放几盆盆栽。但开始捡垃圾之后,盆栽失去了原本的意义,因为捡垃圾让我经常看到脚下的绿意,看到活生生的植物同样能让我的心情变平静。

◆ 理想的生活方式——赏花

我也有内心真正平静的时候,会一边捡垃圾一边跟花聊天,比如"哦,蒲公英小姐,终于见面了,你原来在这里,我一直很想见你呀"之类的(笑)。当然,只是在心里。♪ 最近,邻居家的花坛里开满了我不认识的小黄花,我不禁在心里赞叹:"你们真美呀。"眼前就有如此美丽的花海,根本不需要特意去遥远的茨城县常陆海滨公园啊。

看到花时,我还会时不时地哼另一首歌——中孝介的《花》。我喜爱的歌手城南海在综艺节目《卡拉 OK 对决》中唱了《花》,自此我便爱上了这首歌。有段时间,我在家里不断循环播放这首歌,以至于二女儿都开始抱怨"爸爸喜欢上了城南海",妻子也因此在接下来的 8 年里都将城南海视作竞争对手(苦笑)。

在《花》中，有这样一段歌词：

> 像花儿一样，这生命只在风中摇曳……人们现在，把各自的花朵深藏在心中，用力踩着大地。

在边捡垃圾边赏花的时候，我会深刻感受到这首歌所传达的内涵。花朵无法自行移动，因此即使受强风摧残也只能风中摇曳。它们坚韧地扎根于土壤之中，拼命地向上生长。这与人类如出一辙，尽管受到社会上的风暴摧残，人们仍会坚守自我，用双脚迈着坚定的步伐前行。

捡垃圾也是如此。无论严寒还是酷暑，狂风还是平静，捡垃圾的人不受天气左右，坚定地捡着垃圾。他们脚踏大地，试图通过捡垃圾来表达自己，就像花朵奋力生长来展示自己。

◆ 淡然、微笑、超俗、沉静

花的生活方式恰好体现了小林正观所提倡的轻松生活法则：淡然、微笑、超俗、沉静。小林正观认为，与其按照自己的追求和欲望生活，不如顺其自然来得轻松快乐，这一理念被具体总结为淡然、微笑、超俗、沉静。花淡然地绽放着，绽放的姿态仿佛在对人微笑。它轻盈又超俗地随风摇曳，无论风吹还是雨淋都优雅从容地接受。它默默地绽放，也许是在享受天气的变化，也许是在忍耐。无论如何，只是绽放。

如果说有什么生活方式像花一样，我觉得就是捡垃圾。我只是淡然地捡拾和分类垃圾，面带微笑。看到正在捡垃圾的我，人们可能会觉得"不知道他在想什么"，这不也是所谓"超俗"嘛。"超俗"是一种他人难以捉摸的状态，与老庄思想中的"水"非常相似。"上善若水……处众人之所恶。"垃圾通常聚集在地势低的地方，正是"众人之所恶"之地。因此，愿意走进垃圾聚集地并主动拾起垃圾，恰恰体现了上善若水的生活方式。然后，就是默默地继续捡垃圾了（有时会哼着小曲，笑）。

捡垃圾也许会让你意识到身边真正的珍贵的幸福。其实，捡垃圾本身就是一项最珍贵的、像水一般的行为。如果你能享受这个过程，就会自然而然地减少对物质的欲望，从而享受眼前，珍惜当下。♪

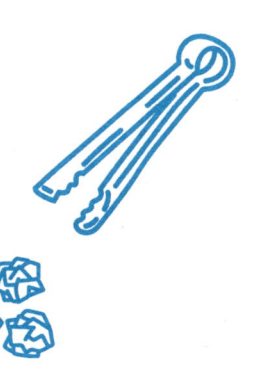

捡垃圾
会被无条件地
认为是个
"好人" ♪

◆ 在世界各地捡垃圾

无论去哪儿我都会随身带着垃圾夹。走路的时候它在我的右手里，骑自行车时像一条尾巴一样被插在后座的篮子里，坐电车时则像一根天线一样被我放在背包里。不仅是在日本国内，在海外旅行时我也会随身携带。在世界各地捡垃圾可以看到不同国家的生活状况，很有意思。

2016年，我听说一家英语培训机构半年的学费高达360万日元，声称"零基础也能掌握一口流利的英语"，这让我十分心动，于是报了名。培训结束，毕业旅行时，我们去了菲律宾的马尼拉，老师让我们多找当地人聊天测试学习结果。那时我也带着我的垃圾夹漫步在马尼拉的街头，一走进背街小巷就发现很多垃圾。看着堆积如山的垃圾，即使是我也失去了捡垃圾的动力。

◆ 被邀请参加秘密之旅！

随团去澳门考察时我也随身带着垃圾夹。那天我们正在一家餐厅吃饭，突然得到消息说大巴会延迟50分钟到达，似乎是因为考察团的主办方忘记提前联系大巴。团里的一些企业家开始面露不满，主办方的工作人员则脸色苍白。而我因为随身带着垃圾夹，所以迅速开始捡起了垃圾。澳门路边的垃圾很多，正需要有人清理。这时，几位闲着的企业家走了过来，对我说："你总是这样捡垃圾吗？真了不起啊！"还有人说："我可以拍张照片吗？真让人感动！"我立刻变成了众人瞩目的对象。有位企业家甚至给我买了点心："吉川先生，你真了不起。快尝尝这个吧。"虽然大家刚一起吃过饭（苦笑）。也许是因为我捡垃圾的样子看起来很穷吧？（笑）

此外，船井综研的元老级顾问三浦康志先生看到我捡垃圾似乎也有所感触，他向我介绍了一项考察之旅——去全国各地参观一些与众不同的企业，参加由他举办的培训会。正常来说这项活动是封闭式的，不会邀请他人，但他特别邀请了我。三浦先生说是看到我捡垃圾的样子产生了一些共鸣。现在，这项考察之旅已经成了我生活的一部分，也是我最期待的一部分。当然，在旅途中我还会一直带着垃圾夹的。

捡垃圾让我赢得了他人的信任，这就是它带给我的"好事"之一吧。

◆ 在纽约捡垃圾后……

去纽约参加海外考察研修活动时，还发生过一件不可思议的事情。因为时差问题，我醒得很早，于是一大早就离开了曼哈顿的酒店，开始捡起了垃圾。纽约的城市交通拥堵情况十分严重，很多车里的人往外扔垃圾，所以路上全是垃圾。当时还很早，几乎没有车经过，所以我直接走到了马路上捡。对了，在纽约我还捡到了一种十分独特的垃圾——注射器！

话说回来，当我将目光投向路边时，我看到了一个褐色气球状的东西。走近一看，是一个装满了褐色液体的塑料袋，上面还打了个结。我心想："这是垃圾吗？算了，捡起来吧。"没想到，就在我刚弯腰捡起它的瞬间，那个"气球"从我的手中滑落，破裂开来，里面的液体洒在了我的脚上。我吓得赶紧蹲下来，然后就闻到了氨水的味道！"哎呀，这是尿吗？"我正欲哭无泪，这时一个头发很长的男士骑着公路自行车朝我这边过来。他长得有点像约翰·列侬，看着我生无可恋的表情，说了句"上帝保佑你"，然后潇洒地从我身边骑过了（苦笑）。后来我才听说，因为纽约经常堵车，餐馆的卫生间也很少，所以一些人在车里实在憋不住，就会用塑料袋解决，然后将袋子扔向车外。那次我也没多带衣服，事后为了换衣服也为难了好一阵子，但现在想起来，它已经成了我众多捡垃圾故事里的经典片段，也算是一段令人怀念的回忆吧。♪

◆ 在韩国机场做实验

每次我拿着垃圾夹在机场过安检时，总是会被工作人员问道："这是什么？"因为乍看起来它像是一种钝器。在日本，我通常只需回答"这是垃圾夹"，就能顺利通过。但有一次在国外，我正思考该如何回答时，一位同行的企业家朋友从我身后走过来说："He is a volunteer!"工作人员就让我通过了。通过那次经历，我猜"也许是因为我长得像好人，所以才能通过吧"，然后就开始找机会证实这一猜想。

正好有一次公司团建去了韩国，于是我趁机让一个看起来很不好惹的 50 多岁的同事小滨拿上我的垃圾夹，想看看他能不能顺利通过仁川国际机场的安检。结果，机场工作人员仔细盘问了他大约 10 分钟……或许是他在接受安检时紧张的神情让他看起来更像是坏人了（苦笑）。我和其他几名员工在一旁看着忍不住大笑（笑），我得意扬扬地说："看，我长得像个好人这件事已经得到了证明。"

小滨在经历了如此严格的安检之后显然不太开心,所以我在机场休息室里请他喝了两杯他最喜欢的啤酒,于是事情就这样过去了(笑)。不过小滨似乎还是很喜欢我的,前不久我给他寄了一张感谢卡,上面写着:"能从并购的公司收获小滨这样一名出色的员工是我的幸事,和你一起共事很幸福。"小滨读完卡片后又拿给年迈的父亲看,两人都流下了感动的泪水。

◆ "好事发生"的运行机制

我家附近有一家客美多咖啡店。这家店非常忙,顾客很多,所以通常会有更多的垃圾。大家也许会认为他们至少得好好清理一下停车场,但实际上很多店的人员配置都很精简,以此应对大面积的营业场所和众多的顾客,根本没精力管理停车场。在这一点上,餐厅和零售店也不例外。作为一个公司的经营者,对此我深表理解。

我能在咖啡店最多待6个小时(点3杯咖啡),所以为了表示感谢,在进店之前我通常会先在停车场捡会儿垃圾。他家的停车位也总是很紧俏,所以这么多年来我一直坚持骑自行车,为别人多空出一处停车位来。

　　咖啡店里客人很多的时候，往往会出现占座的人。他们一下车就飞奔进店，只为抢到一个好位置。我很理解这种心情，但这是被自我欲望所驱动的竞争模式，这种状态下的内心并不平静。我则会开启顺其自然模式：我不在意在我之后来了多少人，他们会不会进店。捡垃圾很容易让人变得"随缘"，它让我坚信"我在做好事，所以一定会有好座位在等着我"。有时，我进店后只剩下一些看似不理想的位置，但当我坐下来后，结果通常会证明这就是最好的选择，或许是工作事半功倍，又或许是从邻座的谈话中获取了宝贵的商业信息。在随缘模式下，我会更容易满足和感恩：今天的座位一定有它的意义，它就是最好的座位。♪这就是"好事发生"的运行机制。

　　　"好事"并不是发生的。所有事情都是中性的，它们本身不好也不坏。

　　如果你按照自己的意愿行事，那么能够坐到理想的窗边位置欣赏美景，就是一个"好事发生"。但如果坐不到理想的窗边，看不到风景，就会觉得糟糕透顶了。好事发生的概率就像抛硬币一样，是五五开。然而，如果你顺其自然，情况就会变得不同。如果能坐在窗边欣赏美丽的景色，你会觉得"太棒了，真是好事"。但即使坐在看不到风景的位置，宽容豁达的态度可能也会让你觉得"那家人替我欣赏了美景，也不错"，或是兴奋地期待"坐在这里会发生什么有趣的事呢？"因为更倾向于将各种情况解释为"好事"，所以好事发生的概率也增加了。

◆ 回咖啡店取垃圾夹的故事

近来，日本越来越多的咖啡店开始禁止吸烟，导致停车场变成了吸烟区，地上总能散落大量烟头。客美多咖啡店又恰巧位于一个交通繁忙的十字路口，所以垃圾总是很多。每次我绕着停车场捡完一圈垃圾再进店时，店员总是会透过门口的玻璃门向我表示感谢。更有趣的是店员还会告诉我"东边墙角也有很多（垃圾）"，我笑着回应"我待会儿就去捡♪"（笑）。店员肯定会在私下讨论："你知道那个有点奇怪的人吗？他总是长时间坐在那儿看电脑，还不要附送的小零食。他还帮我们清理停车场的垃圾，真是个好人，有风度。"

有一次，我不小心把垃圾夹落在了店里。当我回去取时，发现夹子上贴着一张便笺:"大豆人。"

我以为会写"帮我们捡垃圾的人",没想到我只是一颗大豆(苦笑)。不过我擅自将其解释为"帮我们捡很多垃圾的勤劳的人"[1],至今也在继续清理着客美多停车场的垃圾。♪

◆ 真正的精神主义生活方式不需要自我牺牲和忍耐

长崎县有一家名叫安徒生的神秘咖啡店。这家咖啡店会提供魔术表演(我认为已经算是超能力表演了)。当时,我因参加一次"灵性之旅"而前往长崎观看了这场表演,简直惊呆了。

正如之前所说,我是一个可以平衡物质世界和精神世界的全能选手,我既有更专注于精神世界的朋友,也有一些更专注于物质世界的朋友。当我看到那些过于投入精神世界的朋友,我会觉得他们好像有些不着边际。例如,他们可能会为了追求素食牺牲自己真正想吃的东西,为了维护世界和平忽略自己的本职工作。此外,我还注意到许多人对金钱有一定的限制感,对追求或接受大量金钱生成一种道义上的不安。我想再次强调,

---

[1] 日语中"勤劳"和"大豆"同音。

对我来说，追求精神世界意味着将享受生活和过得开心放在第一位。如果他们觉得自己过得开心自然很好，但有时我仍能感受到他们的困境，这些困境就是因过度牺牲自己和忍受不必要的东西产生的。

◆ 与其寻找能量场，不如让自己成为能量场♪

话说回来，在那次旅行中，因为去安徒生咖啡店之前还有一些时间，所以我们被安排了一些具有灵性色彩的行程，比如参观被称为"能量场"的岩石群等。但我并不太能感受到所谓的"气场"，所以我像往常一样淡然地捡着垃圾。这时，旅行团中突然有人小心翼翼地问我："不好意思，刚刚我就一直在好奇，您这是在做什么啊？"我回答说："我在捡垃圾。我坐飞机来到长崎会对这里的环境造成影响，作为补偿，我想尽量让长崎变得更干净。"我试着给了一个比平时更聪明的回答(笑)。

"啊？好棒！我一直在想您在做什么呢，原来是在捡垃圾。您一直这样去哪儿都捡垃圾吗？"对此我保持了沉默，我想给人一种超然脱俗不爱交流的印象，毕竟我自称是"捡垃圾仙人"

（笑）。那天，大家在积极寻找"能量场"，而我却热衷于通过捡垃圾把自己变成"能量场"。

寻找能量场是一件很美好的事，但我认为将自己变成能量场同样美好。通过捡垃圾来整理自己的内心，让自己保持愉悦、使心态更轻松、对人充满善意，这不就是人类的能量场吗？♪对了，刚才描述的对话其实在其他地方也发生过很多次。

太田市有一座海拔 230 米的金山，在这里能见到很多白发苍苍的老人。他们手持登山杖，而我带着垃圾夹，一边捡垃圾一边爬山。结果，我就受到了许多姐姐们的关注。

"真了不起啊，这么年轻就在捡垃圾！"休息区的垃圾最多，每次在休息区捡垃圾时，我就会这样被人问（笑）。

◆ 为什么捡垃圾就会被认为是"好人"♪

为什么捡垃圾的人会被认为是好人呢？大概是因为我们从小就被教育要清理垃圾，要保持城市的整洁，"捡垃圾是一件好事"这一道德观念已经深深根植于我们心中。因此，那些教育工作者和企业家可能会更喜欢谈论有关捡垃圾的话题。最近，我在冲绳旅行团里结识了一位 30 多岁的高中老师。他在旅途中看到我捡垃圾的行为十分感动，感动到要拜我为师（笑）。还有一位讲授"压力管理"的年长女性邀请我做演讲："我在冲绳的一个高中教课，可不可以请你去我们学校做演讲？捡垃圾真的很棒，我想让孩子们看看什么优秀的大人是怎样的。不过学校的经费有限，所以可能给不出很高的报酬。但你曾说过报酬只要333日元，对吧？"（苦笑）。虽然平时我给企业家授课时学费收得很高，但这次演讲听上去很有意思，所以即使是333日元或33日元我想我也会去的。这并不是自我牺牲，我把它当作一种表达自我的方式，所以我乐在其中。

◆ 捡垃圾让我赢得员工的信任

公司里有一名优秀的程序员，叫德留一马。他十分能干，目标是成为首席技术官（CTO）并进入董事会。普里马维拉的日报革命、在线经营计划书和实行革命等软件都是在他的带领下完成的。目前人才市场上关于程序员的争夺战十分激烈，甚至有许多公司给他开了翻倍的年薪，而他和我分享了这样一个故事。

有一天，他正在公司总部的办公室工作，午休时间准备去附近吃午饭,然后就看到十字路口对面有个正拿着夹子专心致志捡垃圾的人。他揉了揉眼睛,突然意识到那是"我们公司的吉川社长"。虽然听说过我一直在捡垃圾,但亲眼看到后,他似乎被深深打动了,当即产生了如下想法:"公司的年销售额已经超过了 40 亿日元,社会地位这么高的社长竟然还亲自弯腰捡垃圾。在这位社长的领导下,公司一定会朝着正确的方向发展。"

于是他下定决心:"只要吉川还在,我就会在这家公司继续干下去。"

德留一马现在仍在公司发挥着十分重要的作用,也为公司做出了巨大的贡献,他开发的软件将来也许会为公司带来数十亿日元的收益。如果通过捡垃圾就能获取员工的信任,提高员工对公司的忠诚度,那么这种成本效益极高的信任建立行为无疑非常值得一试。

◆ 代驾司机成了我的事迹宣传员

疫情前,我经常叫代驾。群马的主要交通工具是汽车,所以我通常开车去餐厅,如果喝酒了就会叫代驾送我回家。有一天,我在坐新干线从东京回埼玉县熊谷站的路上给代驾公司打电话，老板告诉我今天是星期五比较堵，所以大概需要等 30 分钟。那时我正好在熊谷站下车，于是决定做点事情打发时间。车就停在车站附近，于是我从车里拿出了垃圾夹和塑料袋。就这样，一个醉汉于深夜 11 点在熊谷站的停车场里捡起了垃圾。如果没有工作人员管理，车站附近的停车场很容易变得脏乱无序，因此是捡垃圾的热门地点。似乎有很多人不愿意将自己的垃圾带回家，所以会选择直接丢在停车场。

捡了大约 50 分钟垃圾之后，代驾司机终于来了。事后我才听说这位司机其实当时有点沮丧："普里马维拉是我们公司很重要的客户（疫情前我们经常聚餐，几乎所有员工都用过这家公司的代驾服务）。老板在电话里夸下海口 30 分钟就能到，我却花了 1 个小时。肯定会挨骂了。"

他来到我的车前时，发现只有前照灯亮着，车里没有人。再接着，他就在前灯的照射下看到穿着西装的我正在旁若无人地捡垃圾。后来听公司员工说，司机说在看到我的那一刹那，他感动得几乎要流泪。他本来担心我会大发雷霆甚至以后再也不叫他们公司的代驾服务。但实际上，我正兴高采烈地捡着垃圾。不仅没有因为他的迟到而责备，还在看到他的时候笑着说："哎呀，多亏你晚到了，看看，我捡了满满 3 袋垃圾。♪"代驾司机因此认定我是一个胸怀宽广的了不起的社长。

后来，这名司机就成了我的事迹宣传员。每当遇到公司员工叫的代驾，他就开始讲那天的故事："你们的社长非常了不起。之前我去熊谷站接他……"我们公司有 110 名正式员工，员工的年均离职率仅为 1%（除了整骨院的员工，因为他们拥有国家认可的相关资格证，经常跳槽），员工满意度极高，我想其中应该也有那名代驾司机的功劳。

◆ 捡垃圾会减轻人的固有成见

群马县水上町有一家名为"月夜野蘑菇园"的公司，该公司的金子崇范社长曾说我最近看起来越来越像天使了（笑）。也许是因为捡垃圾让我变得更加真诚和天真无邪，看上去像重新拥有了童心吧。或许还因为我平时穿的那种日式传统内裤，和天使穿的袍裙如出一辙（笑）。

捡垃圾时，我会变得全神贯注，大脑会停止思考，内心一片空白。这时，感官就会变得更加敏锐。当我将杂念抛之脑后，专注于自己的感官体验，我的第六感似乎就会开始发挥作用，有人将其称为"内心的声音""灵感"或者"上天的声音"。灵性一点的术语中，还有人叫"灵性次元的自我的声音"，也有人用"天神合一"来形容这种感觉。

随着个体逐渐与更高次元的自我建立联系，人们就会开始意识到自己对某些事物或观念所拥有的固有成见似乎渺小又狭隘，而被这些固定观念束缚的自己看起来是多么滑稽可笑。于是，这些固定观念就会逐渐变得不那么坚定。如果想要解除这些根植于自己潜意识深处的固定观念，首先需要"察觉"它们的存在。一旦注意到它们，你就可以客观看待。你既可以选择继续坚持，也可以逐渐减轻自己的坚信程度，甚至可以彻底摆脱它们。捡垃圾常常让人察觉到存在于自己大脑之中的固定观念，所以"看起来像天使"可能指的是"看起来更接近更高次元的自我"。

◆ 捡垃圾建立的信誉为工作带来收益！

不久前，一家公司的社长表示希望将公司卖给我们。在此之前，我与他聊了近3个小时。在这场谈话中，98%的时间都是对方在说，我只是在旁提问和倾听。他把公司经营得十分出色，也有许多潜在买家，但他最终还是选择了普里马维拉。他说理由是我能认真地听他说话，而且他事前通过我们的网站看到过我捡垃圾的报道，实际见面后发现我确实还不错，所以才做出了这个决定。捡垃圾让我们成功收购了一家年销售额7亿日元的好公司，真是太棒了！♪

最近，我还去茨城县筑波市参观了我们公司收购的另一家公司，也第一次见到了该公司的专务董事，同时也是社长夫人。她看着我的背包好奇地问："吉川会长，其实我一直很好奇，您背包里伸出来的那根棍子是什么？"我答："这个吗？这是捡垃圾的夹子。我用它清理日本和世界各地的垃圾。今天我早早抵达了贵公司，已经把周围都清理干净了哦。"估计她回家吃饭时会发生如下对话："亲爱的，把公司托付给吉川会长真是明智。公司有如此可观的年销售额，他还愿意亲自捡垃圾，真是很难得。把员工交给他，我们也能够安心。"（笑）

因为捡垃圾，人们就会认为你是一个"好人"。捡垃圾本身成了一种建立信誉的行为，而且更不可思议的是，这个行为也让工作变得顺利不少。

◆ 坚持捡垃圾,你的存在也将影响他人 ♪

我曾激情昂扬地追求当一个传奇企业家。那时,我满脑子都在思考怎么表达才能打动员工,过分强调通过表达影响他人。在每年一次的经营计划发布会上,我扮演着一名魅力四射的社长,运用演讲技巧讲述一些让员工兴奋的故事,期待以此激发员工的热情(笑)。

而自从我开始捡垃圾并在经营上减少过分的紧张和努力之后,我发现通过与员工一同工作,我的言行也能影响他们。好几名员工告诉我:"与您一起喝酒时,您认真地听我诉说我工作上和家庭上的困难,这个态度让我决定不轻易离职。" 还有一名销售人员也曾称赞我:"您是唯一一位会亲自准备新店开业并与现场的工作人员一起工作的老板。"

如今,我越来越希望通过自己的存在自然而然地传达一些影响力。我不再强调用力提供价值,而是愿意像开花爷爷(日本童话故事中的角色)一样,过一种顺其自然的人生。

我希望自己的存在本身就能让人感到愉快和安心,并被信任。在捡 100 万件垃圾的过程中,我逐渐开始希望能够摆脱多余的负担和紧张,成为传递快乐的存在。我不知道别人看到我捡垃圾会有什么感受,但我觉得他们应该能略微感受到我的真诚,感受到我的表里如一和言行一致。如果能给人带来这样的感觉,我会很高兴。但我不想去刻意制造这种感觉,因为对人产生期待会使生活变得沉重。

  管理的最高境界在于通过存在影响他人。捡垃圾也许恰好拥有这种魔法。

捡垃圾会增强自我肯定 ♪

◆ 最爱的口头禅——可爱

我非常喜欢自己。如果过去我这样说，可能会被认为是自恋狂或被大呼"恶心"，引来一片嘘声。然而最近，自我肯定成为热门话题，越来越多的人开始理解爱自己的重要性。尽管如此，在我家似乎还是有些行不通（苦笑）。小女儿问我"爸爸最喜欢谁"，我会坦率地回答："第二名是爱莉，第三名是妈妈，第一肯定是'秀秀'（我自己）。"她听后总是会不甘心地生气。在家里，我习惯称自己"秀秀"，这也是一种别人听了会觉得奇怪的叫法（苦笑）。

我们公司有一本《向量术语集》，为了给公司创造更多价值，让员工过得更幸福，我定义了1048个重要的术语。在内部培训会上，我会向员工解释这些词，而近年来反响最热烈的莫过于"可爱"一词。这个词也是我最喜欢的一个口头禅，♪在《向量术语集》里，它的定义如下：

> 可爱……是最完美的诠释。它意味着"让爱成为可能"。沮丧的下属"可爱"。为小事发脾气的上司"可爱"。当你认可他人的可爱之处，你的可爱之处也将被认可。

成果と幸せを両立するベクトル用語集 第3版

株式会社プリマベーラ 代表取締役
吉川充秀 著

【可愛い】 新語　　　全て　行動規　人生全

最高の意味づけです。
「愛を可能にする」言葉です。失敗した部下を見たら、「可愛い」。
ささいなことに怒る上司を見たら、「可愛い」。
人の中に可愛さを認めると、自分の中にも可愛さを
認められるようになります。

○ 《向量术语集》中
　　对"可爱"的定义♪

◆ 由形容词组成的解释

如何才能变得幸福？研究了 18 年人类的幸福和宇宙的原理之后，我得出的结论是：首先要认识到"幸福就是心情愉悦"。那么，如何才能保持心情愉悦呢？关键在于理解"自己的世界由自己创造"。我想重新强调一次，这个世界上的一切人、事、物都没有正负之分。人们通过解释这些人、事、物，塑造出各自独特的世界。也就是说，即使发生一件相同的事，积极乐观的人会创造出属于他的快乐世界，而悲观的人会创造出受害者世界。如果想要创造一个快乐的世界，就要采用积极乐观的解释；如果想要创造一个充满爱的世界，就要采用充满爱的解释。

这一观点可以用名词和形容词的关系来解释。从能量的角度来看，所有的名词都是中性的，无论是"捡垃圾"还是"吉川充秀"，甚至"特蕾莎修女"，它们都只是名词。而人类会为这些名词贴上解释的标签——"捡垃圾是一件好事""吉川充秀有些与众不同""特蕾莎修女是富有爱心的伟人"。

"好的""与众不同的""充满爱心的""伟大的""美好的"……所有解释都由形容词组成。如果你想创造一个快乐的世界，只需改变解释里的形容词。这是我在研究了大约13年的幸福后，在某个年底得出的结论。

◆ 多用"可爱"，世界就会变得可爱♪

在个别宗教领域，我们经常会听到"不论发生什么，都请说'谢谢，我爱你'"。我也曾尝试过很多次，但总是无法坚持下去。如果社长对公司里的女员工不停地说"我爱你"，那劳动监察部门可能立刻会因职场骚扰而介入（苦笑）。所以这是一种理想主义，对过着普通生活的我们来说，执行起来相当困难。因此，经过长时间的思考，我发明了另一个方法：频繁使用"可爱"这个词（它仍包含着"爱"）。我试着用它描述我周围的一切。从那时起，我眼前的世界就开始变得可爱和充满爱了。♪

孩子们的笑容"可爱"，运动会上紧张的表现"可爱"，妻子胳膊下的拜拜肉和眼睛下方的褐斑也"可爱"，40多岁的男员工因为吃太多拉面而被检查出糖尿病"虽然令人同情但也可爱"，被誉为"中小企业管理之神"的武藏野株式会社社长小山昇的热情演讲"很厉害也很可爱"，在电视节目上扮丑的女艺人逗笑了观众也"可爱"。

如果将"可爱"变成自己的形容词，你的世界会发生翻天覆地的变化。如果将"可爱"当口头禅，中性事件或乍一看的负面事件也会变得可爱，世界将是可爱的。

◆ 对自己也要用"可爱"

那么，最值得被称赞"可爱"的对象是谁呢？当然是自己。虽然无法证实真假，但据说佛陀曾说过："这个世界上没有比自己更可爱的存在。"名企业家松下幸之助晚年也常摸着自己的头，称赞自己"了不起"。

有一次，负责公司研讨会业务的松田幸之助（和松下幸之助只相差一个字！是为塑造个人品牌取的化名）曾问我这样一个问题："吉川先生，我们每天刮胡子要花3分钟，10000天就要花30000分钟，也就是500小时，这不是浪费时间吗？所以我在考虑做一个胡须的永久脱毛项目，您觉得如何？"对此，我回答："我会用刮胡子的3分钟从镜子里仔细观察自己，然后就会陶醉其中，觉得自己好可爱啊。做了永久脱毛，我可能就没有机会意识到自己的可爱了，所以我还是算了。"

对于这一出乎意料的回答，松田似乎十分震惊。但我在刮胡子的时候确实抱着这样的想法（笑），孩子们对此大声高喊"恶心"，妻子则会不以为意地表示"好吧，又开始了"。但我觉得无妨，我只不过在坚守自己的原则，在不给他人添麻烦的前提下爱自己和快乐地生活（笑）。

◆ 把第一人称变成对自己的爱称

"秀秀"是我对自己的爱称，是一个充满爱的昵称。极端点来说，称自己是"我"还是"秀秀"会改变一个人的人生。"我"通常会给人留下一种过于关注外界评价的印象，"秀秀"则会让人觉得这个人不太在意他人的看法，有点儿特立独行，但是应该很爱自己。重要的是选择一个能够让人感到自爱的称呼。

我很喜欢银座丸汉的斋藤一人，他会叫自己"一人先生"。第一次听到这个称呼时，我觉得真是太棒了！♪从这个称呼中能感受到他对自己的尊重和爱。之后在公司内部的培训会上，我也经常叫自己"吉川先生"。虽然谦虚地称呼自己"在下"也挺好，但尊重自己也很不错。而且，这也是在向员工间接传达"更多地赞美自己，尊重自己"的建议。

◆ 我爱我自己♪

我在 Chatwork 上与人聊天时，人们可能会被我名字旁边的个性签名惊到，上面写着"我爱我自己♪力争成为宇宙第一"。尽管许多人都察觉到了并感觉不适，但他们通常不会发表任何意见。然而，陶石（Toseki）株式会社的社长柳慎太郎，一位比我年轻的优秀企业家却向我发送了这条消息："'我爱我自己♪力争成为宇宙第一'，这是什么意思？这个怪异的个性签名是怎么回事？"

于是，我解释道："这是自己爱自己的意思。'我爱我自己♪'的关键在于不需要有'你''他''她'或'他们'的介入。是一种拥有坚定的自我内核，能够自己爱自己的生活方式。它会让你感到幸福哦，♪也许这就是'素适'的人生。♪"

柳社长似乎在某种程度上理解了我表达的意思。

数天之后，我再一次见到柳社长，没想到他却对我说："吉川先生，上次提到的'我爱我自己♪'真是意味深长啊！你向我解释过含义后，我就发现这个词可能是人生最重要的信息。我作为家族的第三代继承人，从小要考虑别人的看法，因此受到各种限制，这个也不能做，那个也不该做。我一直在取悦他人，试图获得父母、员工和他人的喜爱。'我爱我自己♪'这个词很关键！我其实只需要像你说的那样自己爱自己！吉川先生，我能借用你的这个口号吗？"

理性又帅气的柳社长似乎就此走上了一条不同寻常的路（笑）。

◆ "我爱我自己♪"的原点是捡垃圾

作为一名企业家，我想柳社长可能更偏向于物质主义或唯物论，他能意识到"我爱我自己♪"这句话的重要性，这让我非常高兴。他知道我是一个幸福专家，多年前就曾买过由我举办的"心花怒放心灵研修会"的DVD资料，所以我想他更能理解其中的深刻含义。如果是一个普通的中年男性整天说"我爱我自己♪"或"好可爱"，也许只会让人觉得他是个怪人（笑）。

如果要问是什么让我意识到了"我爱我自己♪"的本质，我想捡垃圾一定在其中扮演了重要的角色。群马县太田市有22.3万人口，除政府定期举行的垃圾清理活动和公司开展的捡垃圾志愿活动之外，我从没见过像我一样每天只要有空就捡垃圾的人。也许在这22.3万人口中，最"伟大"的就是我自己？

如果我是上帝，我会怎么做呢？我会奖励谁，把"幸运"送给谁呢？那肯定是我自己！在坚持捡垃圾的过程中，我逐渐坚信，我过着一种被上帝爱着的生活。

我捡了 8 年的垃圾，见过各种各样的人。有人慢跑，有人遛狗，有一起散步的夫妻。但我几乎找不到像我这般每天在城市街头捡垃圾、为了创造一个令人珍视的世界、为了造福他人而不懈努力的人。这时，绝对的自信感涌上心头："我一定是这个世界上最可爱的存在。"

◆ 捡垃圾总能让我想起"我爱我自己♪"

也许有人认为，将自己视作独一无二的存在是在比较，而比较是不好的。其实没关系，因为通过比较我们才能达成自我实现。首先我们要争取在某个领域成为第一，然后才能成为唯一。学校和社会灌输给我们的价值观是，只有通过比较成为相对情况下的第一才能获得赞扬。我们可以反其道而行，从相对观念入手，然后走进绝对观念的世界。

"我爱我自己♪"就是一个绝对观念的世界。在这短短的五个字里，没有介入任何自己以外的事物。自己爱上自己，或者反过来说，成为一个你所钟爱的自己。更进一步说，活出你所钟爱的自己。毫不夸张地说，这就是实现幸福的全部方法。从原理上来看，当你自己去创造属于自己的世界，无论外界发生任何事情你都坚持爱自己，就会获得幸福。

即便如此，生活中还是会有许多事情动摇我们的心绪。因此，我会一次又一次地去捡垃圾，一次又一次地确认捡垃圾的自己很"伟大"，一分钱也没赚到的自己很"可爱"。然后，我就又能成为爱自己的自己，重新回到快乐的状态。这种无限循环组成了我的日常生活。

◆ 构成自信的三个要素

我尝试过许多不同的习惯。在捡垃圾之前，我曾认为打扫厕所是一个好习惯。许多成功人士都曾坚持打扫厕所，歌曲《厕所之神》也一度十分流行。小林正观先生详细讨论过打扫厕所的好处，其中之一就是能缓解抑郁症。抑郁症大多因缺乏自信引起。那么，什么是自信呢？自信＝自我肯定 × 自我效能 × 自我价值。自我肯定意味着接受和爱上最本真的自己；自我效能简单来说就是意识到"我可以""我有能力"；自我价值则指"我能帮助到他人"。

◆ 如果将练瑜伽、扫厕所和捡垃圾进行比较……

让我们来对照一下各种习惯是否兼具以上三个要素。练瑜伽是一种能够调整自我习惯的运动,它能使思绪停止,帮助我们将注意力集中在身体和呼吸上。通过与真实的自我对话,让人容易产生自我肯定感。此外,坚持练习瑜伽,我们也会从那份坚持中体验到些许的自我效能感。不过,瑜伽这项活动本身不能为他人做贡献。

接下来,扫厕所。专注于打扫后,你会轻松进入无我的状态:你会停止思考杂念,更专注地感受真实的自我。与练瑜伽不同,你会为自己打扫了脏地方而自豪,所以打扫厕所带来的自我肯定感会比瑜伽更高。而且,完成打扫后会给人带来一种"我做到了"的自我效能感。最后是自我价值。如果你打扫的是家里的厕所,那么这项习惯就对家人有益。如果你打扫的是公共卫生间,自我价值感就会更强烈。当然,打扫公共卫生间的难度也会相较大幅提高。

最后是捡垃圾。捡垃圾极大地增强了我的自我肯定："在群马县太田市，没有人像我这样每天捡垃圾，我真自豪。""我在做这种连 1 日元也赚不到、看似毫无意义的傻事，这样的自己真可爱。"让自己变可爱的诀窍之一就是做一些看似毫无意义的傻事，捡垃圾正好符合这一点。

此外，依照捡到的垃圾数量，捡垃圾还会成倍增强自我效能，远远超过打扫一次厕所的数量。"人们常说'日行一善'，我今天捡了 100 件垃圾，那就是日行百善。"再者，拾取陌生人丢掉的垃圾，使道路和城市变干净，这种为社会和他人做贡献所带来的自我价值感也会达到极高的水平。不仅如此，因为会收到很多陌生人的赞美，所以捡垃圾会比在密闭空间扫厕所更容易令人感受到自我价值。最重要的是，开始捡垃圾只需一个袋子（如果有夹子就更方便了），它是一种可以在日常生活中随时做到的习惯。

◆ 捡垃圾是最棒的习惯 ♪

综上比较，捡垃圾是最棒的习惯。它能最大程度地提高自我肯定、自我效能和自我价值，为社会和他人做贡献，为自己

○ 慢跑、练瑜伽、扫厕所和捡垃圾的比较结果♪

	自我肯定	自我效能	自我价值
慢跑	○	○	×
练瑜伽	◎	○	×
扫厕所	◎	○	△
捡垃圾	◎	◎	◎

建立信心,让自己爱上自己。

不仅如此,相比在室内扫厕所,捡垃圾发生在户外。晒太阳可以补充精力,这对情绪容易受到困扰的人也有好处。

原本我们只需简单地相信"我非常喜欢自己"就够了,但我们这一代成长在金字塔型社会中,头脑中满是复杂的观念结构,我们总是需要依据或证据才能确信某一事情。因此,我们需要不断地积累证据来增强自我效能。就像"今天捡了300件垃圾""一个月捡了17天垃圾""一年捡了45000件垃圾",通过这些具体的数字,我们才能喜欢上能干的自己。

另外从幼年起,我们就被教导"长大要成为对社会有益的人"。对我们而言,自我价值是不可或缺的。

通过养成捡垃圾的习惯,我们的自我肯定、自我效能和自我价值都会提高,无须比较就能直接进入"我爱我自己♪"的世界。捡垃圾是在给我们的人生施展魔法。♪

捡垃圾会助你实现梦想♪

◆ 捡垃圾帮你考入理想的学校?

假设我是一个私立中学的面试官,以下是两个将要面试的孩子:一个在过去的 6 年间专注于某项体育运动,并在县级比赛中获得了前八名的成绩;另一个虽然没有参加过体育比赛,但在这 6 年里利用每天上学和放学的时间坚持捡垃圾。如果是我,我当然也会录用在运动场上努力拼搏的孩子,但我会优先选择那个坚持捡垃圾的心灵美丽的学生。

许多场合下,父母会根据考试的需求来权衡利弊。例如,"那所私立中学非常注重英语教育,所以你要在这 6 年里学好英语。听说有英语资格证书的学生在入学考试中会有相当大的优势"。孩子之所以学英语,不是因为他们感兴趣或者擅长,而是因为他们希望通过英语上的优势获得入学机会。作为三个孩子的父亲,我对此深表理解(苦笑)。

那么,如果是捡垃圾呢?一般来说,人们在捡垃圾的时候通常不会权衡利弊。假设我们在看一个学生 6 年来的评估报告时发现,班主任每年都称赞了学生的捡垃圾行为。那么我们可以得知,这个孩子确实坚持了 6 年。也许动机中确实包含了一丝"想被理想的中学录取"的想法,但光靠这一点就坚持 6 年也很不容易。

与英语考试、学业成绩和体育成绩不同，捡垃圾通常不会受到大家大张旗鼓的关注。尽管如此还能将这种不被关注的善行坚持下来，这种心灵美想必也会给面试官带来触动吧。

进一步说，学业和体育都出于个人利益，没有对社会做出贡献。但如果是捡垃圾呢？虽然捡垃圾的终极目的是调整自己的心态，让自己变得快乐，但其实许多人都不这样认为。大多数人都没有持续捡垃圾的经历，他们不了解捡垃圾的本质。如果有人能连续坚持 6 年，许多成年人都会给予他极高的赞誉，他为社会做了 6 年的贡献。教育者和企业家通常拥有比常人更强的道德伦理观念，因此他们往往会更倾向于高度评价为社会做贡献的人。而这也是捡垃圾会在考试和面试中带来一定优势的原因。

◆ 通过捡垃圾可以塑造"人设"

假设我是一个考生呢？我也是一个纯粹的商人，商人通常离不开成本与利益的考量（笑）。我会为了塑造"人设"，为了给自己镀金而坚持捡垃圾，并将此作为一个宣传点（笑）。

我会在自己的社交平台或类似 Excel 的电子表格上记录自己捡垃圾的成果，这将成为最有力的证据。如果在面试中被问道："学生时代您做过最努力的事是什么？"我就能自信地回答："捡垃圾。"随之附上相应的证据。

许多人默认捡垃圾的人＝好孩子或好人，尤其是教育者和企业家。反过来也可以说，人们认为只有好孩子或好人才会坚持捡垃圾。利用一点，就可以通过捡垃圾来塑造自己的"人设"。

我也在塑造自己"捡垃圾仙人"这一"人设"。和客户交换名片时，我通常会这样介绍自己："我的爱好是捡垃圾，请看我的头衔，是（株）普里马维拉的 CGO。CGO 就是首席垃圾清理官[1]，也就是捡垃圾的最高负责人。"然后我就会收获别人的赞扬或钦佩。正如前面提到的，仅仅通过捡垃圾，我就能在商业合作商中赢得信任，促成合作（出于成本与利益的考量而捡垃圾也没问题！）。捡垃圾的动机可以是任何事情，不纯也没关系（笑）。

1　日语中"捡垃圾"（Gomihiroi）的发音以 G 开头。

◆ 高中棒球运动员为什么要捡垃圾？

效力于美国职业棒球大联盟的日本运动员大谷翔平曾被拍到捡垃圾，在美国引起热议，受到媒体的盛赞。事实上，从中学时代起，他就养成了捡垃圾的习惯。名校出身的棒球运动员为什么要捡垃圾呢？从某种意义上来说，高中棒球运动员和企业家都处在同样的世界：只有胜负的世界。他们在努力，竞争对手也同样在努力。此时，仅凭努力的差异很难取得胜利，因此有些运动员会有一些类似祈祷的习惯，捡垃圾就是其中一个。

如果我们客观地来看待这件事就会想明白。假设有两支高中棒球队都很努力，努力的程度没有明显的差异。如果你是胜利女神，你会对谁微笑呢？如果选择通过比赛结果来决定，也许你会很难做出判断，这样一来，结果就会主要取决于运气。

现在我们假设其中一队的球员在过去3年里一直坚持在学校周围捡垃圾，想一想会发生什么？胜利女神会不会更倾向于支持捡垃圾的一队呢？

如果我是一个高中棒球队的教练，说不定会用这个故事来说服球员参与捡垃圾（笑）。我会从权衡利弊的角度告诉他们，这不仅仅是在捡垃圾，更是在捡运气，最终变成捡梦想。一开始他们可能会不情愿，但是没关系。在坚持捡垃圾的过程中，他们会逐渐感受到自己内心的变化。正如上文所写，捡垃圾的魔法会慢慢发挥作用，你也会越来越多地感受到魔法的存在。

◆ 如果我是一个政治家

我家附近住着一位出色的市议员，她非常干练，表达也很清晰。有一次，我带着垃圾夹参加女儿小学的运动会，她恰好看到我在校园里捡垃圾，似乎被我的行为深深触动，对我说："哇，太棒了！吉川先生，下次一起捡垃圾吧。"我接受了她的邀请，但此后再也没有收到过她的消息。6年过去了，我们还是没一起捡过垃圾（笑），尽管我已经在她的办公室附近捡了100多次垃圾（苦笑）。

如果我是一个政治家，我想我会利用一切空闲时间捡垃圾。如果我是市议员，我会在进入餐厅或商店前先清理周围和停车场的垃圾，再进入餐厅。吃完饭，我会和老板打招呼："我是市议员吉川充秀，今天的菜真好吃，我会在谷歌地图上给您的店写一篇好评。还有，我喜欢捡垃圾，所以我擅自清理了一下店周围的垃圾。"一边说一边不经意地展示袋子里的垃圾，然后留下我的名片离开。"市议员居然帮我们店清理了垃圾",我想大多数餐厅和商店老板应该会十分感激,并成为我的粉丝,会吗?

令人遗憾的是,"政治家都是为了个人私利而工作,他们已经被权力侵蚀了人心"这一观念在许多人心中根深蒂固。尽管如此,人们仍然会对自己支持的政治家抱有希望,认为他们或许会与众不同。此时,如果这位市议员或者国会议员每天都随身携带垃圾夹和垃圾袋,一有空就捡垃圾,会怎么样呢?如果在竞选活动中,他们用垃圾夹代替麦克风,又会怎么样呢?我想通过这种方式,选民一眼就能看出谁是真正为社会和人民工作的人。

日本市议员的任期是4年,这段时间他们可能会前往餐厅、学校、社区中心、公园等各种地方。假设他们去了1000个地方,每个地方有100人看到他们在捡垃圾,那么一共就有10万人看到他们捡垃圾的身影。这样来获取还在摇摆中的选民的选票,几乎就可以确保在选举中获胜了。

我家附近有一家高级礼服店,似乎还受到过政府的嘉奖。有一天,我像往常一样在那家店前捡垃圾,被这家店的知名设计师的亲戚拦住问道:"你是政治家吗?看你在捡垃圾,我还以为你是政治家呢。"夸了我一番后，这位亲戚又开始滔滔不绝地讲起自己公司的故事，我足足听了 15 分钟（苦笑）。捡垃圾时，我内心总是充盈的，一切都顺其自然，所以我也能愉快地享受这种偶然的相遇。♪

也有声称自己时不时就会参与捡垃圾的议员，但我从没见过一个能够真正全身心地投入进去的。这不禁让我再次想到，那些声称为国民利益而工作的议员，如果他们亲自去捡垃圾会怎样呢？最受人信任的是言行一致的人。议员们在选举中大谈政纲，强调他们的"言"，那么就更需要通过平时的"行"来加以证明。

◆ 从个人利益出发

我再重述一次，你完全可以从个人的利益和欲望出发捡垃圾，也可以将它当作实现梦想的一个手段，通过捡垃圾得到自己想要的结果。

如果你是考生，你可以为了考上自己理想的学校而开始捡垃圾；如果你是地方议会的议员，你可以为了年薪 2000 万日元和议员的头衔而开始捡垃圾；如果你是运动员，你可以为了赢得比赛而开始捡垃圾；如果你是企业家，你可以为了让自己的公司蓬勃发展，超越其他竞争对手而开始捡垃圾；如果你是销售人员，你可以为了得到客户的喜爱而开始捡垃圾。在捡垃圾时，你可以毫不掩饰地追求自我利益，并且坦然地承认"这没什么不好的"。这样做会使你变得更加坚定，最重要的是，会减少你的罪恶感。罪恶感可是自我肯定感低的罪魁祸首。所以请坚定地说："对，我就是为了钱，有什么不好？So what？" ♪

不过，捡垃圾确实有一种魔力。在坚持捡垃圾的过程中，人的欲望会逐渐消退，你会发现自己对金钱、生意或比赛结果本身的兴趣似乎越来越少。就算一开始不情不愿，捡着捡着也会觉得"捡垃圾真的蛮舒服，心情都变好了"。而且，捡垃圾时还能获得他人的赞美，如"太了不起了""××先生，我支持您"等。这种来自他人的欣赏和喜爱会改变一个人的内心。在捡垃圾的过程中，也许我们会越来越分不清楚捡垃圾到底是一种实现自我价值的手段，还是生活的目的本身。

◆ 捡垃圾的过程也是充实内心的过程

捡垃圾为什么会减弱人的欲望呢？以高中棒球运动员为例，在怀揣梦想的最初阶段，我们通常会抱着这样的心态："如果能在县级比赛中获胜，我就会感到满足和幸福。"然而，在不断捡垃圾的过程当中，我们会逐渐明白：捡垃圾也能让内心充实，让人感到幸福。于是，我们已经感受到了幸福，欲望就会自然而然地减弱。如此一来，由于减少了多余的紧张感，我们反而能够更好地发挥自己的潜力，也增加了胜算。

贪婪的人很难感受到幸福，因为贪婪的人是"对世界不满足的居民"。他们这个也想要，那个也想要，一直处于不满足的状态之中。如何才能少欲知足（降低欲望，知足常乐），获得幸福呢？答案就是彻底地以异于常人的程度满足自己的内心。当你感到满足时，你的欲望就会减少，这便是少欲知足的运行机制。

捡了两年垃圾后，大约是从我 43 岁开始，我开始经常被 60 多岁的企业家称赞"老成"和"达观"，他们说："和吉川聊天就像和比自己年长的人交谈。"我想这和捡垃圾减弱了我的欲望不无关系，也是我叫自己"仙人"的原因之一。前不久，我陪妻子和二女儿去了一趟前桥市的开市客（Costco）超市。妻子每次去都会花 3 万日元以上，而我……真抱歉，根本没有想买的东西……当然，不是因为开市客的吸引力弱，而是因为我的内心已经非常充实，所以没有什么想要的东西。

◆ 始终将自己的情绪放在第一位

有句名言叫"修身齐家治国平天下"，意思是人首先要修身养性，然后才能管理好家庭，再治理好国家，最终使天下安定。为了实现天下太平这一伟业，必须从集体中的最小单位——个人开始。简而言之，人的首要任务是修身。通常情况下，人们认为修身的方法就是减少对自我的关注，不仅为自己而活，还要为他人和社会而活。无论是在学校的思想课中还是一些宗教信仰中都提到过类似的观念，一言以蔽之，就是要做个好人。

在我研究幸福的十几年里，最初我也认同这样的观念，并在不知不觉中做了大量的自我牺牲。作为一名企业家，我每月工作 400 个小时，我曾坚信，通过这种自我牺牲可以实现员工的幸福。然而，在开始捡垃圾之后，与自己的内心对话让我意识到了事情的本质：顺序反了。

首先要满足自己,更准确地说是只做让自己高兴的事情,注意是"只"。要坚决贯彻自我优先原则。这样你才会感到满足,内心丰盈,对他人怀有善意。"善意"这个词可能会让人误解,更准确地说是不干涉他人,褒义上的"不关心别人的事"(笑)。因为每个人都在享受他们自己的世界,所以我不会去干涉别人的世界。但如果有人需要帮助,我也会随时伸出援手,我想这才是真正的善意和爱。

也就是说,在解决地球环境或税收等社会问题之前,我们要先专注于解决自己的问题,这里指自己的心情问题。如果你将注意力集中在如何让自己的心情变好,你周围的世界也将充满快乐。如此一来,你就不会再干涉他人,而是对周围人的幸福产生积极的影响。

◆ 头衔带来自我约束,自我约束带来痛苦

每个人都有许多头衔。就我而言,我最具代表性的头衔包括"父亲""丈夫""社长"等等。这些头衔是一种负担,它们后面通常跟着严格的社会规则和自我规则:"社长当然要……""父亲应该要……""丈夫一定要……"而这些规则

就是我们苦恼的最大根源。

例如，我的妻子曾制定过一个家规：家庭成员应该一起吃晚餐。这让我十分困扰。想吃饭的时候吃饭，没问题，但为什么在不想吃饭的时间也要强迫自己吃呢？此外，从小到大我都很讨厌喊人吃饭，在晚餐时间家人从远处的房间里大声叫喊："晚餐好了！"我觉得这种行为没有给到食物应有的尊重，似乎在催你赶紧吃完得了。

过去，我曾努力强迫自己扮演一个爱家庭的父亲，这也是妻子心目中想要的形象。但当自己的世界受到他人干涉时，人总会心生不悦。如果你正在专心工作，却突然被打断，然后不得不在或不想吃饭的时间吃饭，你会不会皱起眉头？人在心情不好的时候往往会变得刻薄（苦笑）。比如我可能会挑剔饭菜："味噌汤里怎么放了这么多胡萝卜？我不是说过不喜欢吗？"妻子会回嘴："那就别吃啊，真自私！"然后我们可能会吵架，并影响大概 3 天的夫妻和谐生活。

◆ 活在自己的世界里，尊重他人的世界

当你全神贯注地捡垃圾时，大脑会停止思考，不再受到先

入之见的限制，从而做出各种价值判断。在停止思考的同时，你的感官会变得更加敏锐。于是，你就会意识到身体和内心向你传达的各种信息。

例如，"虽然大脑觉得早午餐应该吃 30 种食物，但内脏已经因为吃得太多感觉到累了。""虽然你的大脑正在考虑为家人建一栋新房子，但你的内心深处真的这样想吗？你其实很讨厌被 35 年的贷款束缚吧？"

像这样，你会有更多的机会与自己的身体和内心对话。

然后你会发现：如果生理上不想吃就不必按时按点吃饭。牺牲自己的结果就是最终向周围的人发泄不满，让所有人都不快乐。所以，最好的方法就是优先考虑自己的快乐。我坦诚地与妻子进行了以上的讨论并达成了一致意见。现在，我的妻子已经非常注重自己的快乐，以至于有时我都佩服她（笑），而我如果不想吃也不会强迫自己吃。如果在妻子做的食物中找不到自己想吃的，我会选择吃我此刻最想吃的东西。比如，今天的主菜是日式猪肉汤，但我不想喝猪肉汤，我就会自己做此刻特别想吃的鸡肉拉面和水煮卷心菜。比起复杂的菜肴，我更喜欢简单的食物。我的妻子则是烹饪班的常客，她制作的复杂菜肴中有 70% 我都吃不惯（笑）。妻子知道我是一个不喜欢受拘束的人，所以即使我不吃她做的猪肉汤，她也不会生气。当然，我也不会干涉妻子，她做菜都会以孩子的喜好为主。不互相干涉，彼此才能和平共处。♪这才是真正的尊重，不是吗？

◆ 为什么捡垃圾会使世界变美好？

有一次，我们晚上从群马县出发，开了七个半小时的车去淡路岛旅行，一路上，孩子们坐在后座熟睡不醒。在孩子们睡觉的六个半小时里，车里一直在播放妻子最喜欢的藤井风的新专辑。因为是无限循环播放，我正有点儿腻烦的时候，突然发现歌词的自我表达十分自然，细细品味其实很有深意。藤井风本身就是那种自由脱俗的风格，被称为"像风一样的男人"，以至于后来我也成了他的粉丝（笑）。

优先自己的情绪是因为只有自己高兴，才不会想要破坏他人，这就是所谓的"善意"。不是为了别人牺牲自己，而是因为自己已经感到满足，所以自然而然地想要为别人做些事情，就像烧杯里满得溢出来的水。如果我不想听藤井风的音乐，想听点其他的，那么我随时可以拿出我的手机和耳机，享受我最喜欢的莎拉·欧兰的歌曲《1》或《f》。我和妻子生活在不同的世界里，但我们互不干扰，和平共处。

　　捡垃圾可能会更容易实现世俗的愿望，但我认为捡垃圾的本质其实与人类最本质的目的一致，那就是为自己创造快乐。快乐的人不会干涉他人，这样一来世界也会更美好。捡垃圾拥有无穷的魔力，会向大家的梦想和目标施展魔法。♪

捡垃圾会让人珍视一切♪

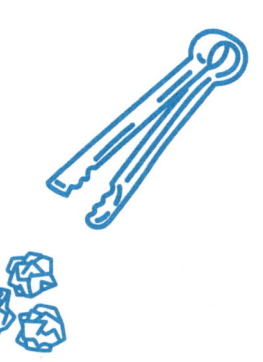

◆ 捡垃圾让人觉得一切都变得可爱?

捡垃圾时,我时常会与垃圾"对话"(笑)。看到被扔掉的烟头,我想:"你也算是发挥了自己的作用,吸烟的人应该很畅快吧。"对于已经完成了自己使命的物品,我会产生一种奇怪的情感,会想要和它们说一声"辛苦了"。也许,不仅是垃圾,所有物品都有一种人无法理解的"意识"吧。无论这一点是真是假,可以肯定的是,捡垃圾让我变得更加善良了。

我经常会把那些我收到的但没有用过的东西带回家,试着二次利用。例如,当我在附近咖啡馆点了一杯热柠檬水,店员通常会在茶托上放一张餐巾纸。如果把它留在店里,不论是否被用过,最终会被焚烧,成为垃圾,所以我觉得可以进行二次利用。于是,我会把这些餐巾纸带回家,放进我房间的"纸巾盒"里。盒子实际上是用一个即将坏掉的密封保鲜袋改造而成的。妻子用过后就要扔掉,被我留了下来,算下来已经用了3年。6岁的小女儿有时会来我的房间玩,她打喷嚏流出大团鼻涕的时候,我就会从这个密封袋里拿出纸巾给她。只不过她以为我拿的是家里的纸巾,实际上我给的是咖啡馆的餐巾纸,所以她经常抱怨鼻子被擦得"好痛"(苦笑)。

◆ 自给自足的纸巾和草稿纸

不过，这个纸巾盒里也有真正的纸巾。99%以上的人都会在商店购买纸巾，但经常捡垃圾的我不会买。我捡到小包纸巾的概率大约是 1/1000，即捡 1000 件垃圾发现一小包纸巾。我会把这些纸巾带回去放进我的纸巾盒里备用，所以盒子里的纸巾数量只会增加，不会减少（笑）。此外，我还用相同的原理捡到不少未拆封的湿巾。这个概率大约是 1/500，特别是经常捡到大家从便利店买的湿巾。这些湿巾会被我放在一个专门的储物间里，虽然有些时间久的会失去水分而变得干巴巴的，但也只是小问题（笑）。因此，大多数人花钱买的纸巾和湿巾我都可以"自给自足"（笑）。

母亲出生在昭和二十年代（1945—1955），那个年代的人经常会保留报纸折页广告的背面空白部分，用来当备忘录。以前，我在工作中也常常在广告纸的背面、用过的传真页、复印纸的背面记录工作上的想法和笔记。不过最近我开始用平板上的应用程序，已经不再用传统的纸张了……

那个时代，人们大都用铅笔书写。我经常收集大女儿和二女儿用过的铅笔头，然后用铅笔刀削好继续用。直到铅笔用到只剩大约 3 厘米，无法再装进铅笔延长器里。奇怪的是，当我无比珍惜地用二次纸和铅笔头记录时，我会感觉到这些东西在默默支持着我，然后大脑中就会涌现出一些意想不到的点子，这些点子让我在公司会议中多次令大家刮目相看。

◆ 收藏癖让你追求"越多越好"……

对了，捡垃圾时捡到圆珠笔或铅笔的概率大约是 1/5000，其中一半都能继续用，所以我会将它们好好珍藏。我随身携带的这根圆珠笔就是我在福江岛一家复古咖啡店前捡到的，并一直把它放在我价值 980 日元的瓦库曼（Workman）腰包的前口袋里。这支笔被车碾过，笔身破烂不堪被剐满划痕，笔尖的塑料也有破损，但墨水还很充足。每次看到这支笔时，我都会想起五岛列岛美丽的风景而感到幸福。而随着用的次数增多，我对它的感情也越来越深。

有次我在浏览一位认识的企业家的脸书时，发现他也是一个狂热的钢笔收藏爱好者，据说他家收藏了 400 多支钢笔。他的生活被热爱的物品包围着，应该很快乐。小时候，我也曾痴迷于收集筋肉人橡皮擦，还偷偷用父母的钱买扭蛋机里的扭蛋，所以我很了解收藏的快乐（笑）。不过收藏没有止境。无论你收集了多少，内心都无法得到满足。这就是"越多越好"：不断追求更多，正常的欲望变成贪欲，人也越来越只关心自己的利益。

自捡垃圾以来，我就自然而然地减少了对"越多越好"的追求，而是更多地满足于自己拥有的，这给我带来一种难以言喻的平静。近藤麻理惠的《怦然心动的人生整理魔法》是一本对我很有启发的书，这本书使我受益匪浅的部分是"只保留让你心动的东西"。我们通常会根据理性来评判事物，比如"太浪费了"或者"还可以用"，但这本书提出只保留在感性上使你怦然心动的东西，真是一种颠覆传统思维方式的观点。

◆ 对捡到的东西怦然心动

那么，最令我怦然心动的东西是什么呢？我想就是我在捡垃圾时捡到的物品了。那些本应成为垃圾的东西被我"拯救"，然后成了我的朋友。

比如，我在捡垃圾时大约有 1/10000 的概率会捡到未拆封的塑料勺子。我在家吃饭用的勺子就是捡来的，有洁癖的妻子

○ 这支常用的圆珠笔
　是我在五岛列岛的福江岛上
　捡到的♪

对此并不知情，还会用来给孩子们吃点心，我一阵窃喜（笑）。未来，为了落实可持续发展目标（SDGs），便利店会减少供应塑料餐具，也许某天塑料勺就成了历史文物，会在二手交易平台以数十万日元的价格售出（笑）。而我因为捡来的勺子已经足够多，所以后半辈子都不需要再买了（笑）。这些勺子都很可爱，我非常珍惜，使用时也很小心。

不过，最近我从顶级魔术师响仁先生那儿学会了弯勺子，他在广岛县经营一家魔术酒吧。所以我在百元店买了10把勺子，这可能是我一生中第一次也是最后一次买这么多相同的东西（苦笑）。我还会随身带着被我折弯的勺子，当与朋友用餐时它们就成了我的一个谈资（笑）。用这些勺子进餐时，我会自我陶醉地认为我什么都会，从而提高了我的自我肯定和自我效能。

◆ 大多数消耗品都可以通过捡垃圾获得？

捡垃圾时，我发现其实许多消耗品都可以从垃圾中获取（笑），例如橡皮筋，大约每300件垃圾中就会有1根橡皮筋。虽然大多数会因长时间暴露在阳光下和外部环境中容易断裂，但偶尔也会找到全新的。我房间里的橡皮筋库存几乎全是捡来的，还经常能捡到发圈。发圈比橡皮筋坚固，所以被用到的场景也更多。有一次我用捡来的发圈给孩子绑头发，结果被妻子发现了，她大发雷霆（苦笑）。但是那个发圈真的很漂亮……

疫情使得一种垃圾的数量急剧减少，那就是牙签。以前我在餐厅周围捡垃圾时，经常能发现牙签。但自疫情暴发以来，我很少捡到牙签，所以捡垃圾也让我注意到这种时势的变化。以前，捡到未拆封的牙签的概率大约是 1/5000，因此我也可以实现牙签的"自给自足"（笑）。

◆ 开始理解"物哀"

开始捡垃圾之后，我逐渐理解了什么是"物哀"：那些未被使用就遭抛弃的垃圾的悲哀；明明还能用，但在掉在路边的瞬间就被贴上"脏垃圾"标签的悲哀。当看到那些未能完成自己使命的垃圾，我会产生切肤的同情之心。此外，如果你用捡到的东西，可能会被看作穷人或者流浪汉。这种想法的背后是一种分离的价值观，"这是我的，那是别人的""这个干净，那个脏"等等。简而言之，这是一种将自己与他人、与其他事物分开考虑的价值观。

◆ 爱惜物品是为了让自己快乐

爱惜物品是美德，但如果过于爱惜物品，就可能被人说"吝啬"或"小气"，变成不道德的表现（苦笑）。就我个人而言，我更注重自己的价值观，并不在意别人的看法，所以我选择过一种爱惜物品的生活。我这么做并不是为了让人称赞"真棒"，也不是为了塑造一个回收再利用公司经营者的理想形象，更不是为了保护地球环境。我无数次强调过，这样做只是为了让自己更加快乐。

疫情暴发前的那个初秋，我突然想去北海道的知床，于是就一个人出发了。在知床我租了一辆车，恰好那时是鲑鱼洄游到上游产卵的季节，罗臼川上有大量洄游的鲑鱼。我像往常一样在桥边捡垃圾，目光却被鲑鱼所吸引。正当我看得入迷时，突然发现桥边有一块白粉相间的干净手帕。乍看似乎是一个年长女性的手帕，但我凡事都喜欢积极地看待，也擅长去主观地解释事物。于是我告诉自己："这是来知床拍摄的石原里美掉落的手帕。"然后，我就将那块手帕放进小包里带回了家。直到它丢失之前，我都一直很爱惜（笑），一看到它我就会想起石原里美美丽的面容和知床壮丽的自然景观，这让我感到非常幸福。为了让自己快乐，我会自行赋予捡到的物品一些美丽的解释，并且享受这种自作多情。"自作多情"正是我个人价值观的关键词。

◆ 美丽的误解令人快乐

除此之外，我还有（我认为是）广濑铃掉的发圈，以及在五岛列岛的福江岛上捡到的（我认为是）川口春奈的手镯等众多"名人"的物品。也许某些以理性和智慧著称的人会说："傻瓜，不可能。"但我想传达的是，只是换一种看法和思考方式，我们就可以随时随地感受到幸福。即使是捡垃圾，也可以从中感受到无限的幸福。

"人生由美丽的误解构成"，这句真理也可以表达为"已知的幸福，未知的不幸"。我们时常追问什么才是真相，并投入大量精力去揭示真相。然而，我们追求的真相在大多数时候都只是自己误解的结果。因此，我们认为的真相就成了我们所追求的真相。我们通过不断地积累证据使真相看起来更像真相。

当我们过于极端地追求真相时，就会出现竞争心理，"这不是谣言吗""这个证据看起来很可疑"之类的，评判由此产生，我们的情绪之针也随之开始向不快乐的方向摆动。所以，从一开始就适度地追求真相，把精力集中在我们看待事情的方式上，也许会比过度地揭示真相更让我们快乐。

◆ 为什么捡到的东西会让人幸福

2022 年 7 月，一场名为"师从武藏野的小山升社长，吉川充秀的实践经营学院"的研讨会在新宿未来塔举行，每家公司的参会费用为 176 万日元，而我将作为讲师上台演讲。同往常一样，我从新宿的酒店出发，一路边捡垃圾边走向会场。途中我捡到了一块保罗＆乔（PAUL&JOE）的金线刺绣粉色手帕，并和往常一样为自己所用（笑）。对于那些所有者易识别的价值较高的物品，我通常会将它们放在比较显眼的位置，以便失主来找。前不久，我发现了一副掉在地上的带盒的耳机，为了避免被路过的行人踩到，我把它们移到了路边。

说回那块手帕，我现在（决定）坚信它就是石原里美用过的手帕（笑）。自从一年前那块在知床捡到的手帕不见之后，我一直心存遗憾（笑）。而我把这个故事分享给研讨会上的企业家们后，其中一位嗅了一下手帕说："有股花香味，这就是石原里美的手帕！"他的话为我的幻想增添了一分可信力。这原本只是研讨会上的一个小插曲，却莫名令在场的观众捧腹大笑（苦笑）："听说过吉川先生有点儿怪，没想到这么夸张。"（笑）

每当使用这块手帕时，我都会感到非常幸福。并不仅仅是因为（我相信）它是石原里美的手帕，还因为我在捡到它之后再次使用，帮它履行了未完成的使命，这让我觉得自己做了一件"好事"。此外，我还觉得能够无所畏惧地用捡来的手帕的自己非常可爱，觉得自己和别人没有什么不同，这样的自己非常可爱，我爱我自己，♪这块手帕到今天已经被我用了4个月，真的可以说是爱不释手了。

"能量场"指那些可以提升运势的地方，我在私下里会将捡到的物品或收到的礼物称为"能量物"。从字面意义上来说，它们是被命运送来我身边的东西，所以没有比这更能带来好运的东西了。

◆ 爱惜物品不等于节俭

当我说自己很爱惜物品时，人们往往会认为"吉川是一个节俭的人"，但我并不节俭。我睡的床是一张重 800 公斤的双人云朵床，床加羽绒被整套一共花了 250 万日元。买这张床时，我完全是企业家思维："今后我会在这张床上睡 1 万 2500 天。即使花了 250 万日元，折到一天也只需要 200 日元。按每天 8 小时的睡眠时间来计算，每小时只需 25 日元。每小时 25 日元就能享受到至尊的睡眠体验，我的生产力也会随之提高 1.2 倍，我创造的价值将从一年 3 亿日元增加到 3.6 亿日元，性价比多高啊。"我基本上也是一个人睡觉，妻子只是偶尔来尝试，她说这张床"让人颓废（睡得太舒服导致不想下床）"。

话说回来，爱惜物品与节俭是不同的。节俭指削减个人开支的行为，是为了未来的旅行、购房、退休、子女教育等提前储备的行为。节俭背后的动机是不安，是为了预防未来的风险而在当下积攒财富。

我是三个孩子的父亲，我也需要持有一定的储蓄，但这种节俭往往会导致个人精力过于关注内部。如果过分担心和夸大未来的不安，就会减少现有的快乐，需要在当下做出一定的牺牲和让步。例如，尽管我非常喜欢露营，但为了孩子的教育，我不得不放弃购买自己向往已久的露营用品……做出牺牲的节俭很容易产生抱怨心理："我牺牲这么多都是为了谁！明明是我在赚钱！别光顾着玩，快点学习！" 节俭就是这样一种为了未来而消耗当前精力的行为。

◆ 爱惜物品就是享受日常

我坚持的"爱惜物品"实际上与"享受生活"有相通之处。购物会给人带来满足感，是因为你得到了想要的东西。但像我这样几乎不买东西，而是二次利用捡来的东西或他人不用的物品，反而会常常感受到出乎意料的幸福。例如，我需要一个口罩，结果就发现妻子的口罩正好放在车里！我想要一个能随身带的勺子，然后就捡到了掉落在便利店外的未拆封的勺子！用捡来的手帕总是让人回想起当初捡到它的情景，然后对那块手帕的感情就会自然而然地加深。还有一些生活的乐趣，比如清洁和修复一根掉在地上的圆珠笔，使其再次焕发生机。

当你养成捡垃圾的习惯后，你会发现垃圾其实很可爱，它代表了物品的最后一种生命状态。当你和走到生命尽头的垃圾相遇，并和它们交谈，你会自然而然地开始爱惜物品。而当你懂得爱惜物品时，就会开始尝试发挥物品的潜力。这时，你也许就会突然灵感迸发。比如，当我捡到的手帕越来越多，我突然想到也许可以把它们缝到我破烂的短裤上。这听起来似乎是一种浪费时间的行为，因为裤子在网上只卖 500 日元，我的预期年收入是 1 亿日元。如果将一年换算成 2000 小时，那么我的预期时薪是 5 万日元。一个时薪 5 万日元的人花 30 分钟将手帕缝在 500 日元的裤子上，看起来好像浪费了 2.5 万日元的人工费。从生产力和效率的角度来看，这个行为似乎没有任何意义。

但人生的目的是什么呢？实现目标、变得富有、提高生产力，这些不都是为了将来悠闲地享受人生，为了某一天能够轻松自在地生活？很多时候，我们都在为了未来努力工作，为了未来牺牲当下。既然如此，为什么还要期待未来？为什么不享受当下呢？人生的乐趣有很多，花钱去享受也是一种乐趣。电影、购物、驾车、旅行，这些都是脱离日常的快乐体验。我有过很多次这样的愉快经历，现在仍时不时地享受着这些乐趣。

那么，如果只是简单地享受自己的日常生活呢？其实只要你想，不用花什么钱就能做到，那些看似平凡的日常实际上都是愉快的体验。就连捡垃圾也是，每次都会和新的垃圾相遇。将捡到的或剩余的物品应用到日常生活之中，也能产生创造带来的乐趣，这样的生活才是最奢侈的最无法取代的。

◆ 对物品的信念会改变对人生的满意程度

我有一件穿了 8 年的背心，是在优衣库花 799 日元买的。在穿了 2500 多天之后，结实的面料也变得很薄，摸上去像半透明的蕾丝，柔软得又像高级的丝绸。因为下摆脱线，前后也不一样长，到处都是小破洞，时不时来我们家的丈母娘每次在洗这件背心时都要大声惊叹："你怎么穿这么破的衣服！"（笑）不过对我来说，这件背心是一件有着 8 年高龄的复古单品。虽然如果拿去我们公司的二手店售卖，可能会因为太破直接被归类为价值零日元的"垃圾"，但对我来说，它是独一无二的，是与我度过了 8 年时光的"战友"，是价值 79000 日元的高级背心。不过最近我都不敢穿了，因为太珍贵（笑）。幸运的是妻子能够理解我的这份心情，每次洗完后她都没有随意丢弃，而是完整地归还给我。

通过捡垃圾，我改变了对物品的看法。正如我之前提到的，物品和人都是名词。从能量的角度来看，名词本身没有任何意义，既不积极也不消极，关键在于我们向这些物品或人投入什么样的能量。如果我认为有一条手帕就够了，我会变得快乐。但如果我想要爱马仕的手帕，那么捡到保罗 & 乔的手帕也不会令我开心。一直追求"越多越好",内心就永远得不到满足。"更多"这一向量建立在"不足"的基础之上。我们不满足于自己的生活,往往是因为自己创造了这样一个不容易满足的世界。因此,采取一种尊重和爱惜已有物品的生活方式,从幸福的角度来看才更划算。通过赋予已经存在的东西美丽的幻想或误解,品味其中的信念,我们就可以从处处不满的人生走向充实满足的人生。

◆ 对物散发的能量和对人散发的能量本质相同

进一步,我意识到对待物品的态度,也就是朝物品散发的能量,与对待人的态度——朝人散发的能量是一样的。

很多人可能会毫不犹豫地扔掉一件穿了 8 年的旧背心,但如果是一个已经 88 岁的老人呢?也许大家就会坚信"生命很宝贵",从而觉得人和物不同。但实际上,无论是对人还是对物,我们散发的能量都是相同的。只是出于人道主义,我们抑制了这种能量,认为不应该将其应用到人类身上。但"本心"或者说"真正的能量"其实是纯粹又诚实的。

因此,我们善待他人,尊重老人,在日常生活中也要善待

○ 穿了8年的高级背心，
　我的战友♪

所见之物，爱惜旧物。否则，从能量的角度来看就会不协调。

◆ 什么是真正的爱？

从能量的角度来说，爱惜物品与待人友善是相互关联的。但不管爱不爱惜物品，你和物品之间都没有实际的利益关系。人与人则不同，由于存在着实际的利益关系，因此许多人无法像对待物品那样散发出内心纯粹的能量。例如，有些人可能会认为："这是我的亲人，如果不照顾他们会被亲戚批评，未来自己也可能得不到孩子的照顾。所以，无论从人道的角度还是从得失的角度考虑，都应该至少表现出自己在照顾亲人方面所做的努力。"从而抱着这样的心态去照顾亲人。也就是说，人们会选择将内心纯粹的能量扭曲成符合自己观念的行为。

而通过捡垃圾，我们会变得爱惜、善待和尊重物品，从而自然地散发出尊重的能量。对物如此，对人也是如此。从能量的角度来说，尊重物品也会让我们更容易尊重他人，这种尊重的能量会让我们不再试图干涉他人，并尊重他人的自由意志。这才是"真正的爱"，不是吗？因为爱并不是为他人做些什么，而是尊重他人的自由意志，不加干扰。

通过捡拾垃圾并学会爱惜物品，我们会更容易在生活中体验到真正的爱，这也是捡垃圾的一个魔法。♪

CHAPTER-3

第三章

一起开始
捡垃圾吧
♪

◆ 新手第一步

如果你已经做好了开始捡垃圾的准备，那么现在就出门，去拾起路边的垃圾吧。新手的第一步就是实践。甚至不需要袋子，只需捡一件，你就做到了日行一善。如果你想像我一样捡更多的垃圾，那么就准备一个塑料袋。什么袋子都可以，但根据我的经验，如果要长时间地捡垃圾，带提手的袋子会更方便。如果你不想直接用手捡，怕手上沾到味道，可以戴双一次性的塑料手套，当然也可以将垃圾袋套在手上。我曾在一次家庭旅行期间，把在酒店的自助餐厅里自己用过的一次性手套带回家留作备用，以防捡垃圾的紧急时刻。这样既可以二次利用，也不用再买新的手套，既环保又省钱。不过我后来一直没有用过那双一次性手套，所以这一做法也被我搁置了（笑）。

如果不喜欢用手捡，你也可以考虑使用劳保手套或坚固的橡胶手套。劳保手套的布料较薄，所以指尖可能仍然留有味道，但橡胶手套不会。如果你是个注意细节的完美主义者，想要把那些容易被忽略的垃圾全都捡干净，比如卡在缝隙里的烟头，那橡胶手套可能最合适。顺便一提，我用的劳保手套和橡胶手套也都是从捡垃圾的途中获得的（笑）。

○ 带提手的垃圾袋很方便♪

◆ **如何解决"邻居的目光"？**

在捡垃圾时，有些人可能会在意邻居或熟人的目光（笑）。他们将捡垃圾视为一种默默行善的行为，认为在不被人发现的情况下做善事才是美德。很多人被这一观念制约，但实际上它仅仅是个人思维和理念的产物，能量本身并没有善恶之分。

另一部分人可能会担忧"如果被邻居或熟人看到会尴尬"，或者被怀疑加入了奇怪的邪教组织。

对此，你可以选择参加地方性的捡垃圾志愿活动。不过这种活动通常都有时间限制，例如每个月只能办一次。此外，一群人一起捡垃圾的话，周围的人可能会不经意地捡走你脚边的垃圾，导致你没啥参与感（苦笑）。出于以上种种担忧，我想向大家介绍一种可以让人独自尽情地捡垃圾，同时又最大程度减少尴尬的技巧，毕竟我是系统化经营顾问，最擅长的就是将流程系统化，以便大家轻松实施（笑）。

如果担忧邻居的目光，你可以在脖子上戴一个挂绳卡套，然后在卡套里放一张西瓜卡（笑），这样等于间接迷惑大家你是这里的员工。如果在路边看到一个戴工卡的人捡垃圾，人们通常会默认"这是附近公司的员工吧""拿薪水工作的人，捡

○ 戴上卡套，
　 就不会那么尴尬哦♪

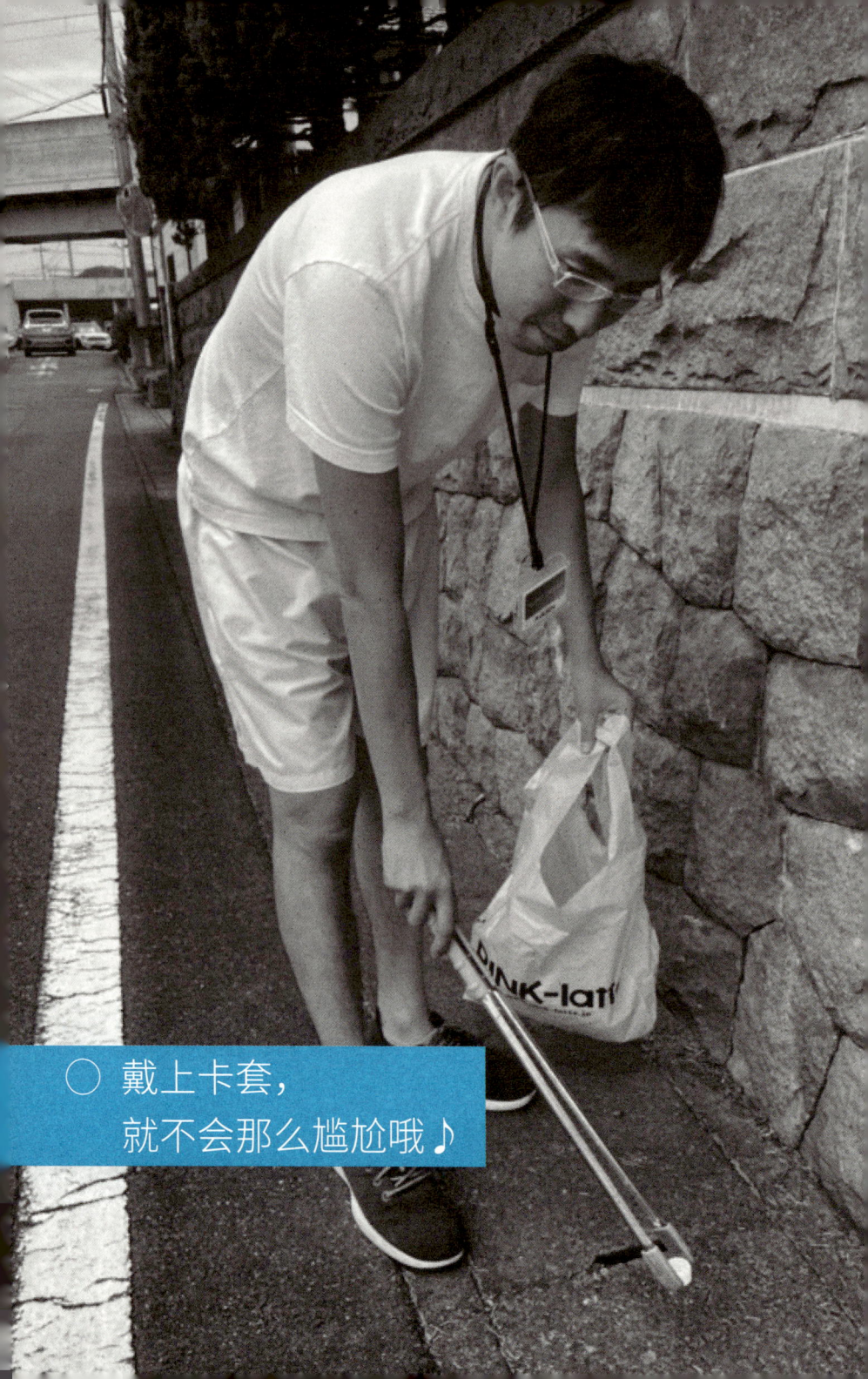

捡垃圾也理所当然吧"。这样一来，羞耻感就会大大减轻。虽然我个人因为一点儿也不觉得尴尬，所以还没有这么做过（笑）。

◆ 这里的垃圾最多！

如果担心邻居的目光，你还可以选择去远一点的公共场所捡垃圾。公园就是一个很不错的选择，因为人多的公园通常有更多垃圾。如果按垃圾数量来排序，住宅区的街道通常最少，然后依次是商业区、公园和车站等公共场所。我家附近有许多大型商店，它们的停车场周围通常都会有很多垃圾。总之，那些顾客多但员工少的地方一般都是很不错的选择（笑）。最具代表性的就是像堂吉诃德这样的折扣店，对捡垃圾爱好者来说简直是天堂中的天堂。便利店也有相对较多的垃圾，尤其是在停车场和店铺周围。毕竟便利店里的商品一旦被顾客用过后，包装袋和容器通常就会变成垃圾了（笑）。不过便利店的员工管理较严格，每隔几小时员工就会清扫一次停车场，所以相对来说还是比较干净的。

咖啡馆和家庭式连锁餐厅的员工也不多，所以停车场常常十分混乱，堆积着很多垃圾。例如，我家附近的家庭式连锁餐厅"巧艺府"（joyfull），这家24小时营业的餐厅员工数量很少，因此有100%的概率可以享受到捡垃圾的乐趣。此外住宅区里，没有物业的公寓周围往往更乱，像是"莱恩帕里斯"（Leopalace）这种单身公寓周围也会有更多垃圾。

◆ 在这里捡垃圾也不错！

旅行途中，垃圾较多的地方通常是服务区和路边的车站，热闹的地方通常也会有更多的垃圾。登山的山路也是一个不错的选择。沿着山路行走时，我们总会看到一些乱扔的垃圾，但那些我们显然无法处理，所以最好是在沿途的休息区捡一些烟头、塑料瓶和糖果包装纸等。

学校周围也是一个不错的选择，特别是那些无暇顾及周围卫生状况的公立学校。比如我的母校——群马县立太田高中——周围就有很多垃圾。我想可能老师和学生都太忙于学业，没有时间注意到脚下的垃圾吧。

另外，如果在马路上捡垃圾，交通拥堵的地方也是一个不错的选择。一些人在堵车时会感到烦躁，于是把垃圾乱扔到路上。安全起见，请不要走到车道上捡垃圾，可以站在人行道上把胳膊伸出去，用夹子去够排水沟里的垃圾。如果你想捡车道上比较显眼的垃圾，可以选择在清晨或周日早上这种车流少的时候，在这种时候捡垃圾会让你感到兴奋，就像海钓时钓到了大鱼（笑）。

在传统节日举办大规模的庆祝活动时，或者活动结束之后，是我最富激情的捡垃圾时刻。参加活动的人（包括我的家人）都沉浸在节日的氛围当中。因为有很多小吃摊位，到处都是烤串棍儿、纸杯和吸管儿等垃圾。如果庆祝活动还在进行，会有看着像是志愿者的工作人员一边问我"可以扔吗"，一边将垃圾塞进我的垃圾袋里。虽然我没有得一分钱的报酬，但能让别人开心，让我觉得自己这种愚蠢的行为十分可爱的时刻，是我引以为傲的瞬间（笑）。

而且在节日期间，平时无法捡垃圾的车道会变成步行街，你可以大摇大摆地捡垃圾！对于像我这样的捡垃圾爱好者来说，简直是一年一度的超级盛事。我可以愉快地享受捡垃圾的时光，感觉自己就像在走红毯。♪

节日后的第二天清晨也很幸福（笑），场地内会留下很多主办方没有清理到位的细碎垃圾。节日结束后，许多人都会感到失落。但对于捡垃圾爱好者来说，节日过后才是他们真正大

展身手的时刻。♪

◆ 从进阶到高阶

如果你觉得"捡垃圾确实让人心情变好，就像吉川先生说的那样！我想更专业地捡垃圾"，恭喜你，你已经进阶了（笑）。我建议你买一把专门捡垃圾的夹子，永家制作所的"Magip"就不错。我没有收这家公司一分钱，请大家放心购买（笑），我只是单纯地想把好用的东西推荐给大家。这个夹子的颜色丰富，很是令人心动。♪最重要的是非常结实，哪怕每天频繁使用也可以用个大约3年，性价比很高。♪个子高的人可以选择60厘米的，身高不到1.5米的人可以考虑46厘米的款式。

如果你想成为高阶选手，像我一样在国内和世界各地捡垃圾，那么我建议你平时用60厘米长的夹子，需要坐飞机时用46厘米长的夹子。这个长度适合放入较大的包中，也可以随身带上飞机。

至于垃圾袋，如果你想要更专业地捡垃圾，首先应该随身携带一个基础款垃圾袋，然后最好再准备一个备用的垃圾袋。备用垃圾袋可以折叠起来放在包里或是衣服的口袋里。一是以防在捡到大量垃圾时垃圾袋不够用；二是可以事先将垃圾分成可回收和不可回收的，之后再分类就会轻松许多。基础款可以用来装比较常见的垃圾，如烟头或纸屑等，备用垃圾袋则用来装塑料瓶或易拉罐。如果两个垃圾袋都有提手，放垃圾时也会更加顺畅。

◆ 使用令你心动的垃圾袋

对于高阶选手来说，用自己喜欢的垃圾袋也是一项很有用的技巧。一般我会选择我喜欢的颜色，颜色对于提升心情很重要。夏天我爱穿粉绿色的短裤，这本书（日文原版）的封面也是粉绿色，是我非常喜欢的颜色，看着会很开心。如果你想拥有一种轻松的好心情，我建议选择明快的颜色。

我的二女儿美兰经常购买"粉红拿铁"的商品。这个品牌的购物袋是可爱的粉红色，摸起来也很厚实，十分耐用，让我很心动。2022年的整个上半年，我都在用它装垃圾。直到有一次，我捡到了群马县的特色美食——烤馒头串，木棍戳破了结实的"粉红拿铁"垃圾袋，我只好用布条给垃圾袋做了"修复手术"，这位可爱的垃圾袋小姐似乎非常高兴（至少我觉得）（笑）。

○ 进阶选手
用两个垃圾袋会更方便♪

捡完垃圾之后，高阶选手会扔掉袋子里的垃圾，留下垃圾袋重复使用。如果捡到了生活垃圾导致垃圾袋有异味，可以用水龙头迅速冲洗袋子内部，然后倒挂晾干，通常就能去除。如果还是介意，也可以直接扔掉垃圾袋。另一款我最近爱用的垃圾袋来自迪士尼乐园。迪士尼很会做生意（笑），总会让人情不自禁地买一些不需要的东西，虽然这样会制造更多的垃圾（苦笑）。迪士尼乐园是梦幻乐园，但真正的梦幻乐园不应该有垃圾，所以直到今天我仍然在用迪士尼的垃圾袋。♪

　　有一次捡垃圾时，我想到公司经营的门店里有一家叫高迪斯的二手奢侈品店，店里有许多路易·威登和爱马仕等大牌的购物袋，我想用这些袋子来捡垃圾！遗憾的是，这些袋子都是纸袋，这个梦想就这么破灭了。要是能用路易·威登的购物袋来捡垃圾该多好啊（笑）。总之，重要的是要让自己在捡垃圾的时候"心动"，提升自己的情绪价值。毕竟，捡垃圾的目的就是让自己快乐。♪

◆ 垃圾分类不是目的♪

　　如果在家附近捡垃圾，我会把垃圾袋带回自家车库，在"吉川简易垃圾站"进行垃圾分类。我会按照地区规定的分类方式分成可燃垃圾、塑料瓶、塑料瓶盖、玻璃瓶、易拉罐、干电池等等。如果捡到的垃圾不多，我会直接用夹子分，如果垃圾很多，在垃圾站准备一副手套会更方便，效率也会更高。♪

关于垃圾分类，我的看法是这样的。捡垃圾是为了让心情变轻松、让自己变快乐。然而，有些人觉得"如果不按规定将垃圾完美地分好类就会感到不舒服"或者"如果不好好响应垃圾分类的号召就会感到愧疚"。

但请好好想一想，乱扔垃圾的人是谁？乱丢垃圾的人更应担起垃圾分类的责任，而不是捡垃圾的人。我们的最初目的是捡垃圾，不是分类，因此不用对此过于担心，也不必本末倒置，给自己徒增压力。

如果你已经因此而感到困扰，其实正是一个机会！你的困扰意味着你已经意识到了自己有严格的自我约束力，意识到了自己是一个完美主义者。此刻正是一个放松自己的好机会。当你对自己放宽一点要求时，就会让许多其他事情变得更容易被接受。一事生万事，你会发现生活也会更加轻松和快乐。

◆ 在外如何处理垃圾？

关于在外怎么处理垃圾，我推荐去便利店。虽然便利店门口贴着"请不要携家庭垃圾入内"，但我偶尔还是会去丢垃圾。我已经做好了准备，如果店员问："先生，这是哪里的垃圾？"我就面带微笑自信回答："这里面也有从你们店停车场捡的垃圾哦。"不过还好，我还没被问过这个问题（苦笑）。

以前，我常常会在捡完垃圾后，先在便利店捐一些零钱，然后再扔掉垃圾，以此减轻负罪感。但时间久了之后，我意识到一个事实：许多公众捐款并没有被真正用到其原本的目的上，而是几乎全部被拿来付给了运营人员，令人遗憾。所以现在我不再频繁地捐款，转而把捡垃圾当作一种捐款的方式。一般情况下，所有公司花费最高的项目都是人事费用，所以在我看来，没有比用自己宝贵的时间捡垃圾更好的"捐款"方式了。假设大家的时薪是 3000 日元，3000 日元 × 100 小时 = 30 万日元，相当于你在捡垃圾这件事上捐了 30 万日元。

如果你认为便利店不太方便处理垃圾，或许可以考虑超市。一些超市的入口附近通常都设有垃圾桶。就算没有，收银台后面供顾客装袋的操作台旁边一定会有。如果在自家附近捡垃圾，

○ 在吉川简易垃圾站进行垃圾分类♪

最好去一些设有垃圾桶的公共设施，如公园等，这样你就可以直接将捡完的垃圾扔进公共垃圾桶里，不必带回家。

此外，一些店铺也会在室外设置垃圾桶。例如，为了方便大家扔垃圾，我们公司的直营店外设置了24小时的室外垃圾桶。车站通常也会有垃圾桶，不过很不幸，我常常去的东武铁道太田站就没有，去年被撤走了……所以搭乘特急电车时，我会排在队伍的最后面，然后先把垃圾扔进两个车厢之间的垃圾桶里再找位子坐下。这种情况下，我通常只会将大的易拉罐和塑料瓶分好类，其他垃圾都扔到可燃垃圾里。

◆ 旅行时如何处理垃圾？

处理旅行中捡到的垃圾有一个小窍门，可以把垃圾扔进酒店大堂的垃圾桶里。如果你正好住在那家酒店，那么可以毫不犹豫地这样做。如果是正好路过的酒店，你可以先在那家酒店周围捡会儿垃圾，然后再大摇大摆地走进去，毫无负罪感地扔掉垃圾。

我通常会将垃圾直接扔到自己客房内的垃圾桶里，但烟头很多，房间里难免会残留烟味，这会影响不吸烟的人的心情。

所以我建议直接把垃圾桶封盖放到卫生间里。如果有一天，工作人员发现我住的禁烟客房的垃圾桶里全是烟头，肯定会冤枉我："您在房间吸烟了吧？"这时我就可以得意地回答："这些都是在你们酒店附近捡的哦。"虽然这种情况我至今还没遇到过（苦笑）。

◆ 这样找垃圾！

记住！垃圾一般是白色、透明或银色的。当你走在路上看到这些颜色的东西，它们大概率便是垃圾。白色垃圾以烟头为代表，其次是纸屑。疫情之后，被用过的湿纸巾也很常见，而捡到口罩的概率大约是1%，剩下99%的概率都是白色垃圾。所以秋天看到地上掉落的白色花瓣时，我经常把它们错认成垃圾，已经成了我的一种"职业病"（苦笑）。

银色垃圾的代表是包装纸，比如口香糖外面的锡箔纸，还有易拉罐上的拉环等。透明垃圾则通常是塑料膜，各种商品的包装膜经常会被人随意地扔在地上。

沿着车道两旁的人行道捡垃圾时，除了人行道，需要特别注意排水沟和树丛，风一刮，垃圾就很可能被卡在这些地方，比如排水沟里、杂草和枝叶间、土地上和石头缝隙里等等。因此，如果你觉得找不到垃圾，没有成就感，那么试着瞄准树丛下面和排水沟里吧。此外，水往低处流，垃圾也会受重力影响集中在低处，因此一些低洼潮湿的地方也更容易积聚垃圾。

在人行道上捡垃圾还要注意一点：别因为眼里只有垃圾而走"之"字形路线，这会妨碍到后面的行人和骑自行车的人。如果捡着垃圾突然往左移动，事故发生的概率也会随之增加。一直沿着一条直线捡垃圾当然没有问题，但如果要变线，请务必先确认后方有没有车辆或行人。行车时为了安全需要确认左、右两边，而捡垃圾时需要确认后面。

◆ 常见垃圾 TOP 5

捡了 100 万件垃圾后，我突然萌生出一个想法："什么垃圾最多呢？让我来调查一下垃圾的组成比例吧。"我们公司的经营理念标榜以数据为导向，基于数据做决策会减少错误率、提高成功率。作为这家公司的社长，拿不出捡垃圾的数据恐怕不太合适呢（苦笑）。因此，我巨细无遗地走访了家附近的四类地点：①住宅区，②商业街，③大型店铺周边，④学校、公园等公共设施周边，然后对采集到的垃圾数据进行了分析。不过，也许全世界只有我这个"捡垃圾仙人"才会这么痴迷于分析垃圾吧（苦笑）。

让我们来看看结果。毫无意外，烟头最多，占 45%。第二名有点儿出乎意料，是塑料垃圾，像是在停车场停车时碰坏的路障碎片或是其他塑料碎片。海洋垃圾微塑料已经引起了人们的广泛关注，如今陆地上的塑料垃圾也呈现着同样的趋势。排名第三的是纸类垃圾，大多是包装纸和小票。对了，在走访时我还捡到一张现在很少见的大头贴。第四名是纸巾和湿巾，再之后就是口香糖外的锡箔纸。

被人用过的口罩占总量的 1.6%。关于上文"捡 100 件垃圾里就有一个口罩"的说法，就是基于这些数据得出的。

在这次调查中还发生了一个小故事。妻子看到我把垃圾带回家并一件一件地摆好、一件一件地计数，便略带怀疑地问我："你在做什么？"我说："我在数垃圾。"没想到她却笑着说："你太可爱了！"还给我拍了照（笑），但并没有过来帮我数（苦笑）。看来做一些看似毫无意义的傻事不仅会让自己爱上自己，还能让别人爱上你。♪

还有一些不太寻常的垃圾，比如最近我在停车场第一次捡

大分类	中分类	小分类	数量	占比	摘要
烟	烟	烟头	163	44.8%	
塑料	工业用品	塑料垃圾	29	8.0%	停车场的圆锥等
纸	其他用纸	纸	27	7.4%	小票、包装纸、打印纸、学校用纸、传单
纸	其他用纸	纸巾	18	4.9%	湿巾较多
纸	食品用纸	口香糖银纸	17	4.7%	里面包着口香糖的很少
塑料	汽车零件	明显的汽车零件	15	4.1%	
塑料	其他包装	透明塑料	13	3.6%	
其他	其他包装	其他	10	2.7%	橡皮筋、回形针、绑绳、胶带、冰棒、干燥剂、收银纸袋
塑料	食品用	包装塑料袋	8	2.2%	糖或点心的包装塑料袋
纸	卫生用品	湿巾	7	1.9%	
瓶罐	饮料	饮料的铝制罐头	7	1.9%	不容易捏
布	卫生用品	口罩	6	1.6%	最不想捡的一种，经常被挂在树枝上
纸	烟	烟盒	6	1.6%	重要的东西，有捡的价值
塑料瓶	饮料	塑料瓶	6	1.6%	干净的回收，脏的扔掉
瓶罐	饮料	瓶罐	5	1.4%	瓶子里有液体的大概占20%
塑料瓶	饮料	塑料瓶盖	5	1.4%	大多都被车轧过
纸	其他用纸	纸箱	4	1.1%	极少有大尺寸的
橡胶	工业用品	橡胶制品	4	1.1%	
木材	食品用	一次性筷子	3	0.8%	因疫情减少，也有牙签
塑料	食品用	便当、饮料	3	0.8%	在垃圾站周围经常一无所获
其他	其他包装	绳子	3	0.8%	
纸	饮料	外带纸杯	2	0.5%	便利店附近很多
布	日用品	劳动手套	1	0.3%	干净的洗完也能自己用
布	日用品	毛巾	1	0.3%	干净的洗完可以用
塑料	食品用	药片	1	0.3%	大多是空的
			364	100.0%	

到了一只泳帽。有一次我正想"要是能捡到适配手机的头戴耳机的数据线就好了",然后就在附近马路上捡到一条被车轮碾过的。当然,那是我第一次也是最后一次捡到数据线。回家后,我用捡来的湿巾把它擦拭干净,发现还能完美使用。真正需要的东西总能在需要的时候出现,这种奇妙的缘分真是不可思议。还有一次,我正想要一双垃圾分类时戴的劳保手套,15分钟后我就捡到了一双。我在卫生间偷偷地把它洗干净,然后若无其事地装走了。这种巧合经常发生,所以捡垃圾从来不会令我厌倦(笑)。

◆ "凶地"才是捡垃圾的绝佳宝地

大多企业家都很重视运气。为了使公司发展壮大,我付出了极大的努力,但运气也是影响成功的一个很重要的因素。传统研究运气的学说叫"风水学",对此我曾稍有学习。在风水学中,土地分"吉地"和"凶地"。据说如果在凶地开店,生意就很难兴隆。我们在开店选址时,通常会运用科学分析商圈人口和地理位置,但成功率并不是100%。因此,开店就像在赌博,有段时间我也会研究风水,并将其作为是否在这儿开店的参考依据。

从风水学的角度来看,垃圾聚集的地方通常被认为是能量或水流不畅的"凶地"。但对于像我这样的捡垃圾爱好者来说,这些不吉之地才是捡垃圾的绝佳宝地,类似于钓鱼爱好者的黄金钓位。到这些不吉之地,将其清理干净变成能量场,也是捡垃圾爱好者的一大乐趣。

再者,如果保持愉快的心情,你就能释放出快乐能量,那么你自己就会成为能量很强的人。捡垃圾的魔法不仅可以将凶地变成能量场,还可以将自己也变成能量场。♪

◆ 注意!捡垃圾注意事项

以下是关于捡垃圾的五个注意事项,都是一些新手容易犯的错误。首先是地点,最好不要在以下地方捡垃圾:

1. 拥挤的车站。通常情况下,人越多的车站垃圾也越多,但请抑制住自己捡垃圾的冲动。如果你因为捡垃圾停了下来,很可能会引起人群拥挤,尤其是在下楼时非常危险。非要捡的话,可以选择站在队伍最后,一边捡垃圾一边向前走。

2. 机动车道。虽然我已经捡了 100 万件垃圾,但我从来没被路过的司机按过喇叭,因为我知道机动车道对行人来说很危险,所以,白天只在排水沟和交叉口附近捡垃圾。特别是带着孩子一起时,我会让孩子走在我的内侧,以防他们走到机动车道上。

3.1. 不要捡会让自己不开心的东西。捡垃圾的过程中,有时会看到乌鸦翻倒垃圾箱或厨余垃圾散落一地的情景。如果捡起这些垃圾,你的情绪指针很容易偏向不开心的一侧。更重要的是,很臭!如果将发臭的垃圾放进垃圾袋里,它将持续发出难闻的气味,这种不适很容易让人不快乐。

3.2. 不要捡昆虫的尸体和排泄物。它们不是垃圾,而是自然的一部分,不如让它们回归自然吧!另外,我们还能经常遇到蚂蚁特别喜欢的垃圾,比如星巴克的星冰乐。为了让蚂蚁好好享用,让我们把这些垃圾也悄悄留下来吧。这是一种尊重动物的充满爱的选择。

4. 不要在晚上捡垃圾。如果强行在夜晚捡垃圾,无尽黑暗中很可能发生不幸,就像我曾经毫不知情地捡到尿片和把虫子的尸体或排泄物当垃圾……所以在有光亮的地方还好,但光线不好的地方还是算了吧。

5. 在心情好的时候停止。捡垃圾时,人很容易陷入"我必须捡更多"或者"我要把整个广场的垃圾都捡干净"的想法中，导致自我牺牲和自我压抑。原本是为了快乐而捡的垃圾，现在却变成了一种义务，丧失了原有的乐趣。为追求未来的成就感，牺牲当下的快乐，这正是过于认真的日本人最容易陷入的陷阱之一。我希望大家可以将通过捡垃圾体会到的经验应用到日常生活中去，通过捡垃圾去坦诚地倾听自己真实的情感。

　　捡垃圾要在心情愉快的时候停止，对待家庭和工作也是。不快乐通常源于自身能量的不足。即使已经筋疲力尽，我们通常也倾向于忽视身体发出的警示信号，继续工作或为家庭服务。当我们身心俱疲时，就很容易陷入"明明我已经这么努力了"的"明明"心态，然后产生最不幸的心理状态——受害者心态。在这种心态中，我们会把责任归咎于他人，认为一切都是别人的错，从而陷入一种不快乐的境地之中。所以，当你觉得"这个程度就够了"的时候，请毫不犹豫地停下来。这才是大家能长期坚持捡垃圾最重要的诀窍之一。

后记

我非常喜欢的一个故事叫"天使的礼物"。每当我情绪波动想哭的时候,就会拿出来读一读,迄今为止已经读了上百次,也哭了上百次(笑)。十多年前,我在面向员工的自我提升研讨会上多次分享了这个故事。虽然有些唠叨,但每次还是会被深深打动,有时甚至会激动到说不出话来(苦笑)。如果你也希望洗涤心灵,或者想试试"哭泣疗法",请一定要多读读这个故事。♪

故事始于一个觉得生活失去意义的老妇人向美国著名心理学家埃里克森博士寻求帮助。

天使的礼物

有一天,一个富有的老妇人去拜访正在休假的埃里克森博士。

老妇人:"我不缺钱,我住在一座豪宅里,家具都是意大利进口的,厨师每天为我烹饪美味的食物。我喜欢园艺，所以会自己打理庭院，其他的事情都由女佣照料。然而，我从未感到如此不幸和孤独。"

埃里克森博士默默地听着。

博士："我明白了。您平时去教堂吗？"

老妇人："有时候去。"

博士："好的，那么请您去常去的教堂找工作人员要一份成员名单，并在名单上记录下每个人的生日。您说您喜欢园艺，具体最喜欢做什么呢？"

老妇人："我最喜欢养非洲紫罗兰。别人说浇水很麻烦，而且不容易养，但我可以将它们养得很好。"

博士："回到家后，请将名单上的教堂成员按照生日顺序排列。然后，在每个人生日时送一枝您养的花，再附带一张漂亮的贺卡。但请不要让他们发现是您送的，也不要让他们知道礼物的来源。这是您的秘密任务。在这个过程中，您将成为最幸福的人。如果您还是没有感到幸福，那么请再坐4个小时的飞机来找我。"

内心孤独的老妇人立刻尝试了博士的建议。

老妇人按照博士所说，调查了每个人的生日，并准备了精美的紫罗兰。为了不被大家发现，她每天凌晨3

点起床，悄悄地为人们送上花盆。渐渐地，这个故事在城镇中传开。大家都不知道是谁送的，于是开始相信这座城镇是个美妙的地方，天使会在生日时为你送上紫罗兰花。

老妇人给埃里克森博士打电话汇报。

老妇人："我的任务成功了，没有人发现是我送的。"

博士："怎么样，您还觉得不幸吗？"

老妇人："嗯？我觉得自己不幸过吗？……"

博士："半年前您来找我时说'我是最不幸的人。虽然我有钱，住在豪宅，但我内心一片空虚'，不是吗？"

老妇人："是的，您说得对，我完全忘记了。"

3个月后，圣诞节到了。那天晚上，老妇人给埃里克森博士打去了电话。

老妇人："博士，这是我过得最奇妙的一次圣诞节。我家园丁在大门旁装饰了一棵圣诞树，没想到的是，今早，那棵树下摆满了礼物。那些礼物上没有写名字也没有任何标记，但每件都是我想要的，比如与我经常戴的帽子和手套搭配的围巾等等。还有很多花的种子和新的生日卡片。这究竟是谁送的呢？"

住在这个小镇上的一个老奶奶明天就要 85 岁了。她正在和家人商量着住进养老院的事情。

老奶奶一边接受着家人的祝福,一边心想这可能是自己在家里度过的最后一个生日。这时,她突然发现桌子上有一盆美丽的紫罗兰。

老奶奶:"这是谁送的?"

家人们:"天使。"

老奶奶真以为是天使送来的,想到除了家人以外还有人关心她,她非常高兴。虽然去养老院会让她感到孤独,但也因这份天使的礼物而变得勇敢。老奶奶的家人们调查了很久,最终发现是那栋豪宅的女主人送的。虽然大家知道老妇人并不需要什么,但他们决定为她做同样的事情。于是他们与全镇的居民悄悄策划,然后悄悄地将礼物送到了老妇人家门口的圣诞树下。

老妇人:"在我的一生中,从未有过这么快乐的圣诞节。"

博士:"正如'你中有我,我中有你'所说,你可以毫无顾虑地收下今天的这些礼物。当你在花园里播种时,这些种子会长成花朵然后回到你的身边。因为你撒下了许多小种子，所以它们在圣诞节时为你盛开。"

这位老妇人为什么能感受到生活的意义和幸福呢？

她认为耗费精力为陌生人养花、凌晨3点起床悄悄送礼物的自己非常可爱。这是自我肯定。

坚持栽培很难养的非洲紫罗兰，做自己擅长的事，并将其当礼物送给名单上的每一个人。这是自我效能。

她曾认为自己只是有钱，却无法帮助他人。后来通过送花，她也能让别人感到快乐。这是自我价值。

通过这三个要素，她重新获得了自信，获得了幸福和快乐。

我觉得这个故事和捡垃圾有一种奇妙的共鸣。

在陌生人的家门口或店铺附近捡垃圾，没有人感激或尊敬你，你却觉得做着这样傻事的自己很可爱。这是自我肯定。

坚持做自己擅长的事——捡垃圾，每天保持自己所经之地干净整洁。这是自我效能。

捡走他人门前、马路上和公共环境里的垃圾，为社会和他人做贡献。这是自我价值。

有时我会想，也许有一天，会不会也有人给坚持捡垃圾的我送上像"天使的礼物"一样的奖励，这种想法让我感到幸福。

♪不过,即使没有获得奖励,我在捡垃圾的时候也会与一些意想不到的礼物相遇——与仍然可以使用的可爱垃圾相遇,与美丽的树木和花卉相遇,与微笑着与我聊天的温暖的人们相遇……"意外的幸运"和"小小的奇迹"一直都在发生,向生活施展的魔法开始发挥它的效力。♪

如果能像老妇人那样收到圣诞礼物,无论是谁都会很高兴吧。我也曾梦想着有一天,会有人悄悄地将蔬菜和水果放在我家门口。但我知道,捡垃圾带给我的真正的礼物在于快乐的心情。老妇人仅仅是给他人送去非洲紫罗兰,就让自己感到幸福。同样的事情也会在捡垃圾中发生。只需平静地捡垃圾,你就可以获得快乐的心情,这就是捡垃圾的最大礼物。我想这就是"天使的礼物"的真谛。

而"意外的礼物"和"快乐的心情"这两种礼物正是我认为捡垃圾会带来的人生魔法。

如果每个人都能够亲手制造自己的快乐心情,对他人的干涉就会减少,人际关系将会更加融洽。如果这种行为传播开来,社会也会更加美好。我认为让自己快乐就是最伟大的社会贡献。因此,每天我都一边哼着歌,一边用垃圾夹捡着垃圾,将我的心情指针拨向快乐的一边。♪

如果这本书能掀起一股捡垃圾的热潮,让日本各地出现更多自愿捡垃圾的人,那么日本这个国家也许就会受到世界的称赞:"没有比这个国家更美丽的国家了""这个国家有许多无名的天使""这个国家才是天使的家园"。

如果这本关于捡垃圾的书能对作为读者的你有一些帮助,使你的心情更加愉快,那将是我的荣幸。愿美好的事物像流星雨一样不断降临在你们身边。

衷心感谢所有那些没有拾起路边垃圾而留给我的人,我对你们充满了爱和感激之情。♪

无垃圾拾取,不魔法人生(No Gomihiroi, No Magical Life.)

捡垃圾仙人——吉川充秀

图书在版编目（CIP）数据

捡垃圾与人生"回收"指南：如何通过行动重新认识生活 /（日）吉川充秀著；郭佳琪译. -- 天津：天津人民出版社，2024.7

ISBN 978-7-201-20540-3

Ⅰ.①捡… Ⅱ.①吉… ②郭… Ⅲ.①人生哲学—通俗读物 Ⅳ.①B821-49

中国国家版本馆CIP数据核字(2024)第112023号

GOMIHIROI WO SURUTO, JINSEI NI MAHOU GA KAKARUKAMO ♪ by Mitsuhide Yoshikawa
Copyright © Mitsuhide Yoshikawa, 2022
Interior design and illustrations: Nakamitsu Design
Illustrations (before title page): Saran.
All rights reserved.
Original Japanese edition published by ASA Publishing Co., Ltd.
Simplified Chinese translation copyright © 2024 by United Sky (Beijing) New Media Co., Ltd.
This Simplified Chinese edition published by arrangement with ASA Publishing Co., Ltd., Tokyo, through Tuttle-Mori Agency, Inc., Tokyo.

著作权合同登记号 图字：02-2024-088号

捡垃圾与人生"回收"指南：如何通过行动重新认识生活
JIAN LAJI YU RENSHENG HUISHOU ZHINAN:
RUHE TONGGUO XINGDONG CHONGXIN RENSHI SHENGHUO

出　　版	天津人民出版社
出 版 人	刘锦泉
地　　址	天津市和平区西康路35号康岳大厦
邮政编码	300051
邮购电话	022-23332469
电子信箱	reader@tjrmcbs.com
选题策划	联合天际
责任编辑	李佳骐
特约编辑	庞梦莎
美术编辑	杨瑞霖
封面设计	关　予
制版印刷	大厂回族自治县德诚印务有限公司
经　　销	新华书店
发　　行	未读（天津）文化传媒有限公司
开　　本	880毫米×1230毫米　1/32
印　　张	8
字　　数	133千字
版次印次	2024年7月第1版　2024年7月第1次印刷
定　　价	58.00元

关注未读好书

客服咨询

本书若有质量问题，请与本公司图书销售中心联系调换
电话：(010) 52435752

未经许可，不得以任何方式复制或抄袭本书部分或全部内容
版权所有，侵权必究